AF741954

Le discret pouvoir des odeurs

Acteurs de la Science

Fondée par Richard Moreau,
professeur honoraire à l'Université de Paris XII
Dirigée par Claude Brezinski et Roger Teyssou

La collection Acteurs de la Science est consacrée à des études sur les acteurs de l'épopée scientifique moderne ; à des inédits et à des réimpressions de mémoires scientifiques anciens ; à des textes consacrés en leur temps à de grands savants par leurs pairs ; à des évaluations sur les découvertes les plus marquantes et la pratique de la Science.

Dernières parutions

Pierre CHARLES-DOMINIQUE, *Histoire de la découverte des faunes tropicales. Les progrès de la pensée scientifique*, 2018.
Marceau FELDEN, *De Darwin à Einstein, Deux aventuriers du savoir,* 2018.
Auguste MARIE, *La psychanalyse et les nouvelles méthodes d'investigation de l'inconscient*, 2018.
Roger TEYSSOU, *Jérôme Fracastor (1478-1553), De la nature des choses à la nature des germes,* 2017.
Alain GIRET, *Les températures et l'effet de serre. Essai sur l'histoire et l'avenir du climat,* 2017.
Edouard PÉLISSIER, *Ambroise Paré. Chirurgien des soldats et des rois (1510-1590)*, 2017.
Letizia JOUFFROY, *Bach et Händel, Deux musiciens illustres dans le noir, Les barbiers à l'aube de la chirurgie*, 2016.
Michel ROUFFET, *Mais comment en est-on arrivé là ? La terre de 4000 à 4,5 milliards d'années,* 2016.
Roger TEYSSOU, *Jean Wier. Des dieux, des démons, des sorcières,* 2016..
Sofiane BOUHDIBA, *Pavillon jaune, Histoire de la Quarantaine, de la Peste à Ebola,* 2016.
François DEMARD, Pierre MANDRILLON, *Dans l'œil du cyclotron*, 2016.
Gilles GROS, *Pierre Fauchard, ce génie de l'épistémologie en art dentaire*, 2016.

Jean-Louis Millot

Le discret pouvoir des odeurs

L'Harmattan

Jean-Louis avait prévu de dédicacer ce livre à sa femme, ses deux filles, ses amis et ses proches collègues. Malheureusement, la maladie l'en a empêché et l'a emporté quelques jours avant la parution de cet ouvrage. Nous voudrions donc lui dire : merci pour ce qu'il nous a transmis. Nous sommes fiers et forts de ces années d'échanges et de partage.

5-7, rue de l'Ecole-Polytechnique, 75005 Paris

http://www.editions-harmattan.fr

ISBN : 978-2-343-14420-7
EAN : 9782343144207

Sommaire

Chapitre 1

L'odorat, comment ça marche ?

« Nous crûmes devoir commencer par l'odorat
parce que c'est de tous les sens celui qui paroit contribuer
le moins aux connoissances de l'esprit humain. »

Etienne Bonnot de Condillac, *Traité des Sensations*, 1754

• Brève histoire de l'étude de l'odorat

Les odeurs sont partout présentes dans notre vie quotidienne. Odeurs agréables, odeurs désagréables… discrètes, intenses, irritantes, putrides, parfumées… Elles peuvent mobiliser notre attention, susciter notre vigilance, agir comme des répulsifs immédiats ou au contraire entraîner une sensation de plaisir qu'on cherchera à prolonger. Sentir l'odeur d'une rose épanouie : rien de plus spontané et de plus simple comme comportement. Et pourtant, la science n'a progressé que très lentement pour comprendre au moins une partie des processus physiologiques et cérébraux à la base de notre odorat. Manque d'intérêt ? C'est certain, la citation en exergue en est une illustration. Difficulté d'accéder à ce qui est invisible, inaudible et impalpable comme c'est le cas des odeurs ? C'est aussi certain. De fait, des découvertes essentielles se font encore actuellement en ce qui concerne la perception olfactive. On peut citer, à ce sujet, l'attribution du prix Nobel de médecine en 2004 conjointement à Richard Axel et Linda B. Buck « for their discoveries of odorant receptors and the organization of the olfactory system ». Dans l'état actuel des connaissances, il reste du chemin à parcourir et les travaux récents ouvrent sans cesse de nouvelles perspectives de recherche et d'application sur cette modalité sensorielle restée longtemps complètement hermétique à l'esprit humain. Pour prendre en considération les acquis de la science, on peut jeter un regard en arrière et voir comment une de nos plus anciennes civilisations, l'Egypte des pharaons, décrivait l'odorat.

Les premiers écrits faisant état de connaissances sur l'odorat datent du XVIe siècle avant notre ère et il est possible qu'ils soient la compilation d'écrits encore plus anciens. Il s'agit du papyrus Ebers et du papyrus Edwin Smith, du nom de leurs « inventeurs » respectifs. Le deuxième est moins complet que le premier mais détaille des pathologies affectant le nez et propose même des techniques de rhinoplastie en cas de fracture. Comment les Égyptiens comprenaient-ils le sens de l'olfaction ? Pour ces érudits de l'antiquité, tout était en fait une « affaire de cœur ». C'est-à-dire qu'ils considéraient que le cœur était l'organe et donc le siège de la pensée, des sentiments. Cette théorie du cardiocentrisme subsistera pendant des siècles, en fait jusqu'au XVIIIe siècle avec les expériences de Galvani sur l'électricité animale et ses découvertes du lien entre le cerveau et les muscles. Pour les Égyptiens, ce centre névralgique était relié par un système complexe de canalisations (*metu*) aux différents organes ou parties du corps. Dans ces canalisations pouvaient s'écouler du sang, mais aussi de l'air, des larmes, du mucus, de l'urine, du sperme… selon le type d'organe ou la partie du corps irriguée. Ainsi, les papyrus identifient le nez et la

« chambre » du nez comme composantes anatomiques. Celles-ci sont reliées au cœur par quatre canaux ou vaisseaux, dont deux fournissent du mucus et les deux autres du sang. Le nez est responsable de la respiration et de l'olfaction, l'acte inspiratoire permet de faire rentrer l'air dans les poumons et le cœur puis dans le ventre. Ainsi le rôle du cerveau est considéré comme nul par les Égyptiens en ce qui concerne l'odorat. Pour eux, il s'agit seulement de viscères du crâne. On peut ajouter que, dans la pratique, les Égyptiens avaient une bonne connaissance de l'os ethmoïde (il s'agit de la lame osseuse perforée qui sépare le cerveau de la cavité nasale) et de sa fragilité car sa fracture permettait un accès immédiat au cerveau pour le détruire lors de l'embaumement sans pour autant endommager le visage ou la tête du défunt. Le cerveau ne méritait pas une conservation propre en vue de l'éternité comme d'autres organes internes dans les vases canopes. Ainsi les Égyptiens devaient penser que le cerveau n'était pas vraiment nécessaire au défunt pour sa vie posthume.

Que retenir de ces premières connaissances sur le fonctionnement de l'odorat ? Quelques faits essentiels : l'air porteur d'odeurs est inspiré par le nez, les fosses nasales sont irriguées par du sang, et du mucus peut sortir du nez, surtout d'ailleurs dans le cas de maladies telles que rhumes, grippes…. Ces éléments de base seront repris par la suite dans d'autres systèmes explicatifs ainsi que l'importance déterminante des fluides circulant dans le corps. On peut ajouter qu'à partir de ces seules données très lacunaires tirées de quelques papyrus, l'odorat n'est pas considéré comme ayant un fonctionnement radicale-ment différent des autres organes des sens, thèse qui émergera postérieurement. Toutefois les odeurs, (parfums, encens) sont très présentes dans la vie sociale et spirituelle de l'Egypte antique et donc directement en relation avec la sphère affective propre à cette civilisation.

Dans l'antiquité grecque, certaines autres connaissances ont été précisées, tout en restant entachées de nombreuses erreurs. On peut citer quelques auteurs, plus ou moins connus mais qui ont tous montré une certaine curiosité par rapport à cette modalité sensorielle. Alcméon de Crotone (Vème siècle av. J.-C.) mériterait de donner son nom à un laboratoire de recherche sur l'olfaction car il a contribué de manière complète et définitive aux neurosciences en établissant le rôle du cerveau comme destinataire initial des informations olfactives. Ce qui était donc révolutionnaire par rapport aux corpus de connaissance précédents et qui ne sera pas remis en cause par la suite. Une autre originalité de sa réflexion sera de différencier la perception sensorielle et les processus cognitifs mis en jeu conduisant à des sensations. Toutefois les schémas anatomofonctionnels proposés par Alcméon restent en phase avec certains corpus de connaissances antérieures, notamment en ce qui concerne le rôle essentiel attribué aux fluides corporels : par exemple le sommeil était dû à l'afflux du sang dans le système vasculaire cérébral, la « vidange » de ce système provoquant à l'inverse l'éveil. Les questionnements posés sont toutefois éminemment modernes : il s'agit de la localisation des organes récepteurs sensoriels, de la nature des stimulations sensorielles et de leurs qualités fonctionnelles en termes de bien-être, de plaisir ou au contraire en termes de pathologies, maladies. Alcméon a poussé l'investigation assez loin pour l'époque car il a pratiqué des dissections entre autres des organes sensoriels tels que l'oreille, l'œil, et, à ce titre, il est considéré comme le fondateur de la neuro-anatomie et plus encore comme l'initiateur d'une démarche exploratoire qui, même si elle restait encore empirique, fonde une démarche scientifique. C'est ainsi qu'il a mis en évidence l'afférence cérébrale des nerfs optiques. Dans le domaine de l'odorat, il identifie les odeurs comme des particules en suspension dans l'air, qui une fois inspirées par le nez, gagnent le cerveau et viennent donc solliciter des récepteurs qui selon lui étaient placés à ce niveau. Cette réalité physique de particules, que sont les molécules odoriférantes, est une autre découverte qui ne sera pas remise en cause par la suite. En revanche, le problème demeure de savoir comment ces particules vont « monter » au cerveau. Pour Alcméon, la respiration amène simplement l'odeur dans le cerveau. Donc la nature des nerfs sensoriels est toujours interprétée en termes de canaux ou veines (*poroi*) permettant la migration de fluides, de substances visqueuses d'un point à un autre.

On ne connaît que peu de choses d'Empédocle (peut-être 490 à 435 av. J.-C.) et seulement deux fragments de livres dont un intitulé *De la Nature*. Par ailleurs, ses écrits sont sous forme de poème, ce qui rend l'exégèse quelquefois délicate vu les contraintes d'expression qui en résultent. Pour Empédocle, les cinq sens traduisent la vraie nature des choses. Les organes sensoriels sont doués de porosité et donc ils transmettent les informations au cerveau en fonction de la taille de leurs pores correspondant ou non aux caractéristiques « granulométriques » des signaux sensoriels. Par conséquence, les compétences olfactives seront directement proportionnelles à la puissance inspiratoire et les odeurs les plus fortes seront dégagées par des particules légères et/ou de faibles dimensions.

Hippocrate (vers 460 à 370 av. J.-C.) est considéré comme le père de la médecine. Sa conception de la physiologie et des pathologies repose sur la théorie des humeurs qui fera autorité pendant des siècles. Le corps est composé de 4 éléments, terre, feu, eau, air, possédant quatre qualités, chaud, froid, sec, humide. Vu les antagonismes entre ces éléments et leurs propriétés, le bien-être et la santé reposent sur leur équilibre. Une prédominance d'un des éléments et de ses propriétés déterminera un excès d'une des quatre humeurs identifiées : sang (cœur), pituite ou phlegme (cerveau), bile (foie), atrabile (rate) et sera donc à l'origine d'un tempérament particulier : sanguin (air, chaud, humide), flegmatique (eau, froid et humide), atrabilaire (terre, froid et sec), bilieux (feu, chaud et sec). Pour Hippocrate, certaines odeurs, comme celles de la fange et des marais, sont sources de maladies. Mais d'autres odeurs ont des effets bénéfiques « ...c'est pour cela que les mauvaises et fortes odeurs étant données à flairer aux personnes qui sont dans des accès hystériques, sont pour les calmer d'une grande efficacité, parce que tout le genre nerveux entrant en émotion est frappé de ces mauvaises odeurs, les oscillations de tout le corps en sont changées et perverties ». En ce qui concerne les mécanismes eux-mêmes de l'odorat, Hippocrate ne s'y intéresse que très peu. Dans *Le Traité des Lieux dans l'Homme* il évoque brièvement différentes modalités sensorielles : l'audition, l'olfaction, la vision : « Je dirai d'abord que le corps a une ouverture pour servir à l'ouïe. Les parties extérieures de l'oreille ne servent qu'à augmenter le son, et à le rendre plus fort. Ce qui en arrive au cerveau à travers la membrane du tympan est manifestement ce qui fait l'ouïe. Il y a un trou pour donner passage au son jusqu'au cerveau, lequel est entouré de méninges. Pour les narines, il n'y a point à proprement parler de trou ; c'est un os percé comme une éponge (il s'agit ici de l'os ethmoïde cité plus haut): aussi entend-on les sons de plus loin qu'on ne sent les odeurs. Les parties odorantes se partagent et se divisent, en passant par l'organe de l'odorat. » La vraie nature des nerfs n'est pas identifiée par Hippocrate : « Les nerfs sont secs, sans cavités et s'attachent aux os, tirant leur nourriture ordinaire des os. Ils sont aussi nourris par les chairs... Ils servent à affermir les articulations ; ils sont répandus dans tout le corps ; ils donnent de la force aux parties. » Dans ce passage, on constate que s'il existe une intuition du rôle du système nerveux périphérique dans la motricité, les principes de la neurophysiologie sensorielle sont en revanche complètement absents. D'ailleurs Hippocrate qualifie les nerfs optiques de veines gagnant le cerveau et véhiculant une humeur extrêmement pure. A noter une curiosité dans les éléments pronostics de maladie indiqués par Hippocrate : pour lui, si le nez devient pointu, c'est signe de maladie…

Platon (428-347 av. J.-C.) parle de l'odorat dans *Le Timée*. Les quatre éléments et leurs qualités respectives sont à la base des explications fonctionnelles détaillées par Platon au sujet de l'olfaction : « Les veines qui servent à l'odorat ont une structure trop étroite pour les dérivés de terre et d'eau et trop large pour les dérivés de feu et d'air. Toute odeur nécessite le passage d'air en eau et vice-versa : fumée ou brouillard. En conséquence, les odeurs se répartissent en deux types qui n'ont pas de noms parce qu'elles dérivent de formes qui ne sont ni nombreuses, ni multiples. La seule distinction nette qui soit entre elles est celle du plaisir et de la peine qu'elles causent ; l'une irrite et violente toute la cavité qui est en nous entre le sommet de la tête et le nombril ; l'autre lénifie cette même cavité et la ramène agréablement à son état naturel ». Dans ces propos, on peut retenir la distinction fondamentale qui est faite entre des odeurs agréables et des odeurs désagréables. Ainsi cette valence hédonique en termes de plaisir/déplaisir apparaît comme la caractéristique la plus saillante et immédiate des odeurs perçues, ce qui est toujours considéré comme avéré de nos jours.

Aristote (384-322 av. J.-C.) détaille les différentes modalités sensorielles dans un chapitre sur la sensibilité dans son *Traité de l'Ame*. Ainsi il présente successivement cinq sens : la vision, l'audition, l'olfaction, la gustation, le toucher. Aujourd'hui on parle toujours des cinq sens alors qu'il en existe d'autres comme par exemple la kinesthésie, c'est-à-dire la perception que nous avons des positions et mouvements des différentes parties de notre corps. Par ailleurs, certaines perceptions sont dues à des combinaisons de sensations, c'est le cas lorsqu'on se réfère à la flaveur ou à l'arôme qui résulte de stimulations olfactives et gustatives concomitantes. L'olfaction est citée par Aristote au milieu des autres sens mais il relève d'emblée des difficultés à traiter de cette modalité : « Il est moins facile de traiter de l'odorat et de l'objet odoré que de tout ce qu'on a expliqué jusqu'ici ».

Selon Aristote, les odeurs sont présentes et dans l'air et dans l'eau. Pour les animaux terrestres, la respiration est nécessaire à l'olfaction mais les animaux aquatiques eux-mêmes semblent doués du sens de l'odorat. Aristote fait ici preuve d'une intuition stupéfiante, ou plutôt d'une sagacité dans l'observation : il disserte sur l'odorat chez de nombreuses espèces animales incluant insectes, mais aussi crustacés, poissons, en tirant des enseignements des techniques de pêche avec appâts qui étaient utilisées. En effet, certains poissons ont un odorat très développé, pouvant identifier des molécules dans le milieu aqueux à des dilutions phénoménales. Aristote identifie une analogie entre les sons et les odeurs en ce qui concerne la propagation dans le milieu ambiant. Il reconnaît qu'il est plus difficile de traiter de l'odorat et des odeurs que des autres modalités sensorielles et de la nature des autres stimulations sensorielles. Il reconnaît également une pauvre compétence olfactive à l'espèce humaine comparée à la plupart des espèces animales. Plus curieusement, Aristote utilise comme preuve de cette déficience le fait que sentir une odeur est toujours accompagné de plaisir ou de peine. Ainsi, il reformule cette caractéristique fondamentale de la perception olfactive qui est la saillance de la dimension hédonique. En ce qui concerne la nature de l'odeur, il s'agit d'une modification de la nature de l'air qui devient sensible par la matière de l'odeur mais non du transport de la matière sensible elle-même. En effet, si l'on insère directement l'objet odoriférant dans les narines, on ne perçoit pas l'odeur, donc l'olfaction est due à une transformation de l'air inspiré. Ici, les explications d'Aristote s'inscrivent dans une universalité toujours fondée sur les quatre éléments : feu, eau, air, terre. Ainsi les odeurs sont portées vers le cerveau par la légèreté de la chaleur qui réside en elles. En effet, l'air inspiré passe à travers la lame criblée de l'ethmoïde pour gagner le cerveau. Le cardiocentrisme demeure dans la mesure où le cerveau a pour rôle de refroidir le cœur qui est toujours le siège de la pensée et des émotions. Le cerveau est l'intermédiaire entre l'organe capteur des sens, qui est constitué par les narines, et le cœur. Une tentative de classification est proposée par Aristote qui distingue des odeurs acres, acides, suaves, astringentes en établissant quelques analogies avec les saveurs telles qu'analysées par le sens du goût. Aristote s'est également intéressé à la sudation et aux odeurs qu'elle dégage : il a ainsi remarqué que la sueur du visage est plus abondante que celle du corps, que la sueur qui coule de la tête a moins d'odeur que celle qui coule de tout le reste du corps. Une autre remarque pertinente est que dans le cas d'anxiété, on sue des pieds et non du visage, tandis que dans le reste de la vie, donc dans le cas de la sudation comme mécanisme de thermorégulation, on sue beaucoup du visage et presque pas des pieds. Il est bien établi de nos jours que des émotions fortes produisent effectivement une sudation réflexe qualifiée de « psychique » précisément au niveau de la paume des mains et de la plante des pieds. Cette réaction, sous commande de notre système neuro-végétatif, appelée réaction electro-dermale, est d'ailleurs utilisée depuis plusieurs années dans les études expérimentales en neurosciences affectives pour mettre en évidence les réactions émotionnelles des sujets et leurs degrés d'intensité.

Un autre auteur ancien à signaler est Théophraste d'Erésos (372 à 288 av. J.-C.) : élève et ami d'Aristote, il lui succède à la tête de son école. Il est l'auteur d'une œuvre abondante sur de nombreux sujets mais dont ne subsistent essentiellement à ce jour que deux traités s'intéressant à la botanique mais aussi un *Traité des Odeurs*. Il n'apporte pas d'opinions nouvelles par rapport à celles d'Aristote en ce qui concerne la physiologie sensorielle et donc la manière de percevoir les odeurs mais s'intéresse davantage aux odeurs elles-mêmes, leurs différents types et les conditions, circonstances propres à leur origine. Il a aussi traité de la sueur humaine avec des observations qu'on peut qualifier d'originales. Par exemple : « Les adolescents sentent particulièrement mauvais quand ils transpirent, les hommes murs moins et les vieillards pas du tout. La raison en est que les adolescents sont davantage enclins à l'activité amoureuse… Sentent mauvais les régions corporelles qui sont mal ventilées… On transpire d'abord et surtout du front…la tête transpire aussi beaucoup… ».

Toutes ces considérations datant de l'Antiquité ont leur intérêt et on verra ultérieurement par exemple que l'odeur de la sueur chez l'homme est à l'origine de plusieurs recherches actuelles passionnantes. Faisons un saut dans le temps et considérons maintenant quelques connaissances acquises pour comprendre un peu mieux cette curiosité que constitue l'odorat chez l'homme.

- **L'odorat chez l'homme par rapport aux autres espèces animales**

L'odorat est un de nos systèmes sensoriels qui nous permet d'appréhender certaines dimensions ou caractéristiques de notre environnement immédiat. Il se limite à la perception de quelques molécules en suspension dans l'eau, pendant la fin de notre période fœtale, et dans l'air, après la naissance, ces molécules n'étant qu'une infime partie des constituants possibles de notre environnement. Quelle est l'origine de cette compétence, comment se caractérise-t-elle chez notre espèce ? Cette aptitude est-elle la même quels que soient les individus, leur sexe, leur âge ? Et enfin quelles peuvent être les fonctions de cette modalité sensorielle particulière ?

Les réponses à ces questions peuvent être recherchées du côté de l'évolution. Notre organisme est le résultat, tout à fait transitoire, d'une longue évolution sous la pression d'environnements en mutations perpétuelles et notre système olfactif est donc une solution adaptative à des contraintes écologiques successives.

Dans le règne animal en général, la sensorialité olfactive est présente chez la plupart des espèces. En fait à ce niveau, on parlera plutôt de sensibilité chimique (chimio-sensibilité) pour rendre compte de la diversité des récepteurs spécialisés possibles. Les gastéropodes, comme les limaces et les escargots peuvent sentir des odeurs grâce à des neurorécepteurs situés sur les antennes. Chez les céphalopodes (pieuvres), il existe des cellules olfactives au niveau de la tête et des tentacules. Chez certains insectes comme des diptères (mouches, moustiques…), ces récepteurs seront situés sur la tête, avec les antennes, mais aussi l'abdomen et les pattes. Les antennes de certains papillons sont conçues comme des détecteurs d'odeurs hautement sophistiqués, avec une arborescence enrichie qui permet d'optimaliser la probabilité de rencontre entre une molécule (une odeur) et un récepteur sensoriel. Au total, la sensibilité à des molécules en suspension dans un environnement liquide ou gazeux est présente tant chez des espèces aquatiques que terrestres. Ainsi, la distinction qui est faite chez l'homme entre goût et odorat n'a pas de pertinence universelle. Par exemple, le champion toutes catégories identifié à ce jour chez les vertébrés en ce qui concerne la chimio-sensibilité est un poisson. Il s'agit d'une espèce de poisson-chat, *Ictalurus punctatus,* qui est sensible à une molécule, l'alanine, à une concentration de 10^{-9} à 10^{-11} moles par litres : en clair il s'agit d'à peu près une petite cuillère à café de produit diluée dans une piscine olympique, soit 2600 m^3.

Si la sensibilité chimique est aussi communément partagée entre les espèces animales, quel que soit leur degré d'évolution, c'est parce qu'il s'agit d'un système sensoriel relativement simple sur le plan de l'équipement nécessaire pour constituer un organe récepteur. Il suffit qu'une molécule, constituante d'une membrane cellulaire, soit présente à la surface de l'organisme ou dans des cavités spécialisées de l'organisme et qu'elle puisse se combiner par un mécanisme de type clé/serrure à une molécule (ou plusieurs) en suspension dans l'environnement. Chez les organismes pourvus d'un système nerveux, cette molécule-serrure est présente sur la surface membranaire d'un neurone spécialisé, appelé neurorécepteur, qui sera à l'origine d'un potentiel d'action ou influx nerveux qui se propagera jusqu'aux centres d'intégration tels que des ganglions ou le cerveau. Chez l'homme, le principe de base reste identique et on constate qu'on est très loin de la complexité de récepteurs sensoriels tels que l'œil. La sensorialité olfactive a donc pu émerger très tôt au cours de l'évolution et perdurer par la suite comme complément d'information utile et nécessaire par rapport aux autres systèmes sensoriels qui se complexifiaient. Elle joue un rôle qui peut être encore fondamental chez certaines espèces par exemple pour la recherche de nourriture mais aussi pour la reproduction en permettant l'identification d'un partenaire sexuel potentiel, l'attraction d'un partenaire sexuel. Chez des espèces d'invertébrés hautement évolués, comme les insectes sociaux, l'odorat est un média de communication essentielle entre individus, dans le fonctionnement de la fourmilière, par exemple.

Si on se limite aux seuls vertébrés, la modalité olfactive se rencontre tout au long de l'échelle de l'évolution chez nos aïeux successifs : chez les poissons, chez les amphibiens, chez les reptiles et chez les mammifères, dont nous sommes. En revanche la plupart des oiseaux sont dépourvus de sensibilité olfactive, à quelques exceptions près pour autant qu'on sache, comme le pigeon voyageur qui se servirait justement de son odorat à proximité de son gîte d'origine. Il est intéressant de suivre l'évolution du cerveau en ce qui concerne les zones consacrées à l'analyse des messages odorants tout au long de ces différentes étapes évolutives comme on peut le voir sur les schémas ci-après.

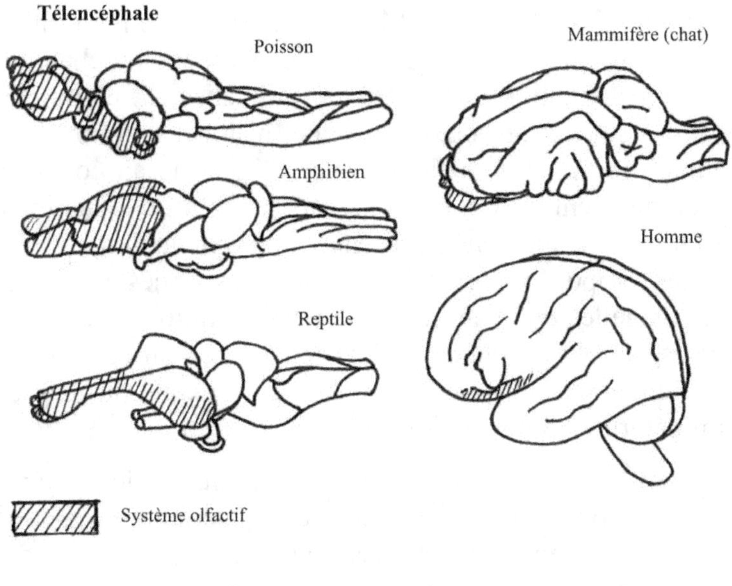

Chez les poissons, le bulbe olfactif est relativement énorme : presque un tiers de la masse du cerveau ! Chez l'homme, ce bulbe olfactif est réduit à un petit filet nerveux d'un peu plus d'un centimètre de longueur en moyenne. Au cours de l'évolution, on trouve les différents intermédiaires possibles quant à la masse relative du cerveau consacrée à la seule perception olfactive. En fait cette partie du cerveau devient beaucoup moins importante, sur le plan anatomique, du fait de la tendance générale à l'expansion de ce qu'on appelle le télencéphale. Cette partie antérieure de l'encéphale est destinée à gérer l'ensemble des relations entre l'organisme et son environnement, les processus d'apprentissage complexes, les facultés cognitives. Chez l'homme, il s'agit du cerveau apparent et visible, son expansion au cours de l'évolution l'a fait déborder sur les autres structures encéphaliques, latéralement et frontalement, jusqu'à en englober certaines, comme le diencéphale, qui vont ainsi être complètement internalisées dans la masse cérébrale. Toutefois, il faut bien considérer que l'évolution n'a pas conduit à une régression des structures archaïques du cerveau mais seulement à la croissance, la complexification de certaines zones. Cette histoire évolutive est toujours résumée actuellement chez l'homme au cours du développement de l'embryon : vers la fin du 2ème mois de gestation, le cerveau présente approximativement les mêmes proportions entre les différentes zones anatomo-fonctionnelles que celui d'un vertébré primitif. En d'autres termes, nous commençons l'existence avec un cerveau de poisson, et qui ne fonctionnerait pas encore du fait de l'immaturité des connexions nerveuses.

Si on s'intéresse aux seuls mammifères, le système olfactif, comprenant les récepteurs périphériques aux odeurs et les zones cérébrales consacrées à l'analyse des signaux, présente des variations anatomiques et fonctionnelles très importantes, en corrélations étroites avec l'écologie de l'animal. Les mammifères marins (dauphins, rorquals, baleines) sont par exemple réputés comme étant dépourvus de tout odorat. D'autres animaux tels les rongeurs ou les canidés ont en revanche des compétences olfactives qui peuvent dépasser notre imagination. On estime le nombre de nos neurorécepteurs olfactifs à une dizaine de millions approximativement alors que des rongeurs pourraient être pourvus de quelque 50 millions de récepteurs et des canidés de plus de 200 millions. Par exemple, le chien pourrait sentir jusqu'à 500 000 odeurs différentes alors que chez l'homme on parle plutôt d'une différenciation maximale possible de 1000 odeurs. Par ailleurs le seuil de sensibilité pourrait être au moins 10 000 fois plus faible chez le chien que chez l'homme en ce qui concerne certaines molécules comme l'acide butyrique. Il s'agit d'un acide gras à forte odeur présent dans les sécrétions ou excrétions de nombreux mammifères. Il est ainsi difficile de concevoir la perception de l'environnement que peut vivre un chien lors d'une promenade dans les rues d'une ville : il s'agit d'un odorama fantastique mêlant subtilement diverses fragrances, notes de tête, de cœur et de fond pour utiliser le langage des parfums. On peut être surpris par l'utilisation d'un tel vocabulaire par rapport aux éléments odorants qui semblent le plus motiver l'animal comme par exemple les traces d'urine de congénères… Konrad Lorenz, pionnier de l'éthologie animale, qualifiait quant à lui l'arrosage urinaire des réverbères par le chien de « chant du rossignol ». En effet les deux comportements, s'ils ne méritent à nos yeux pas la même considération esthétique, ont pourtant une fonction parfaitement identique chez l'une et l'autre des deux espèces, à savoir le marquage de territoire.

Parmi les mammifères, les primates en général sont relativement mal dotés sur le plan de la modalité olfactive. L'ordre des primates s'est différencié très tôt au cours de l'évolution des autres mammifères. Il s'agit d'une radiation évolutive contemporaine de la diversification des mammifères placentaires advenue dans une période estimée de -80 à -65 millions d'années. Nos ancêtres étaient sans aucun doute arboricoles et insectivores. Il nous en reste entre autres héritages, des mains préhensibles et également le rapprochement des deux yeux en position frontale, ce qui permet la meilleure perception et donc estimation possible de distances par rapport à une proie de faible dimension grâce à une vision stéréoscopique. En revanche, on estime généralement que les primates ont subi une régression relative de l'odorat car cette modalité sensorielle avait une moindre utilité dans leur niche écologique spécifique qui correspondait à leur vie arboricole. Toutefois, la perception olfactive continue de jouer un rôle important dans la communication sexuelle ou sociale au moins chez les primates les plus primitifs actuels que sont les lémuriens. Des glandes odorantes sont présentes au niveau de différentes parties du corps : poignets, coudes, région génitale ou cou selon les espèces. Chez le *Lemur catta,* un primate de Madagascar, un éperon corné en haut de ses avant-bras lui permet d'érafler les branches et de marquer ainsi à son odeur le substrat de manière plus durable que par un simple dépôt en surface. Chez cette même espèce, des glandes présentes au niveau du scrotum émettent des cocktails de molécules odorantes plus ou moins complexes selon les individus. Ce sont les mâles qui présentent le plus de diversité génétique qui élaborent les cocktails les plus abondants et variés. Naturellement, les femelles préféreront ces odeurs, et donc ces mâles émetteurs comme partenaires pour des accouplements. Dans ce cas, la communication olfactive entre les deux sexes est mise au service du brassage génétique dans la population. Cette hétérogénéité génétique est en elle-même une condition bénéfique au regard de la sélection naturelle.

Parmi les primates, l'homme par comparaison semble faiblement doué en ce qui concerne la perception olfactive. Au XIXème siècle, les travaux des neuroanatomistes concluaient que les zones du cerveau consacrées à la modalité olfactive étaient considérablement restreintes par rapport à d'autres mammifères. Ainsi l'homme a été qualifié pendant longtemps de microsmate pour caractériser son odorat, en l'opposant à d'autres espèces telles que les rongeurs ou les canidés qualifiés eux de macrosmates (Broca, 1888 ; Zwaardemaker, 1895). Le point de vue dominant qui en résulte est que notre système olfactif est vestigial, résultat d'une évolution régressive au cours de quelques millions d'années. Cette opinion a encore été renforcée dans la première moitié du XXème siècle par les travaux d'un neuroanatomiste, James Papez (1937), qui a démontré qu'une large partie du cerveau qu'on considérait jusqu'alors comme dévolue à l'olfaction car en étroite relation nerveuse avec les entrées olfactives (bulbe olfactif), et baptisée de ce fait le rhinencéphale, était en fait impliquée dans des processus émotionnels. Le système explicatif à l'appui de ces considérations est d'ailleurs d'une simplicité convaincante : au cours de l'évolution, l'homme a adopté une position bipède et donc son nez, organe de l'odorat, s'est éloigné du substrat terrestre, rendant largement inutile l'acuité olfactive. Ainsi, des grands auteurs qui ont marqué l'histoire récente des sciences, comme Sigmund Freud et Charles Darwin, ont tous deux estimé comme négligeable le rôle que pouvait jouer l'odorat chez l'homme sain adulte.

Il faudra attendre les années 1970 pour que commencent d'émerger des études systématiques sur le rôle de l'odorat chez l'homme dans sa vie émotionnelle et sociale. Ces études ont en fait été suscitées par les avancées étonnantes de l'éthologie animale et de l'éthologie humaine au cours du XXème siècle, à la suite des travaux de Karl Von Frisch,

Konrad Lorenz, Nikolaas Tinbergen. Ces auteurs ont été collectivement récompensés par l'attribution du prix Nobel de médecine en 1973, seule et unique fois où ce prix a été attribué à des spécialistes du comportement. Leurs travaux ont notamment questionné et investigué la complexité des systèmes de communication entre individus d'une même espèce et démontré ainsi le rôle significatif que pouvait avoir l'odorat dans les comportements sexuels, dans les relations parents-jeunes, dans les comportements sociaux chez l'animal et chez l'homme. Ainsi, à ce jour, au vu des différentes études réalisées, on constate que l'olfaction est beaucoup plus présente que l'on pourrait le croire dans nos comportements quotidiens. Les informations olfactives sont susceptibles de modifier, voire manipuler nos conduites dans de nombreuses circonstances et de manière quelquefois complètement inconsciente. Par ailleurs, quelle que soit son importance relative par rapport aux autres sens, l'olfaction a chez l'ensemble des vertébrés, y compris l'homme, une originalité, des propriétés fonctionnelles surprenantes dues aux particularités du cheminement des informations apportées au cerveau par les odeurs.

- **La perception des odeurs chez l'homme : aspects anatomo-fonctionnels**

Pour comprendre comment le cerveau traite la perception des odeurs, il est nécessaire de faire un rapide inventaire de quelques structures anatomiques importantes et de préciser leurs rôles majeurs. Notre cerveau est construit sur un modèle basique commun à tous les animaux vertébrés, du poisson rouge au chimpanzé comme le montre le schéma ci-après.

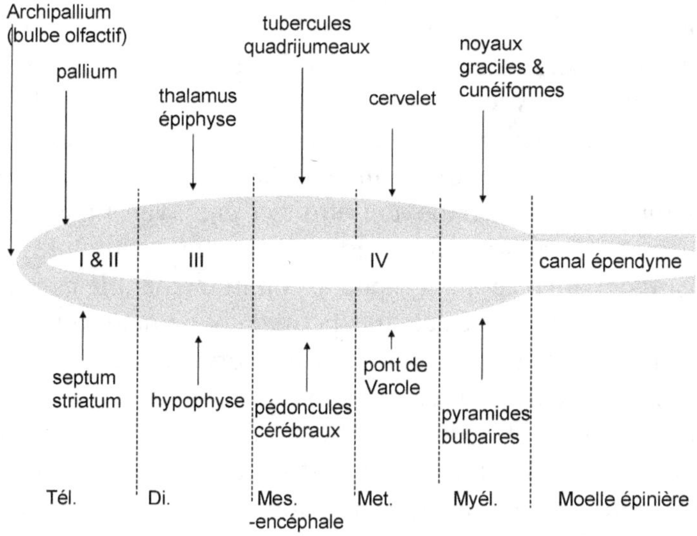

Selon la terminologie appropriée, le cerveau est seulement une partie, la plus importante du point de vue volume, de notre encéphale qui comprend aussi le tronc cérébral et le cervelet. Ainsi, la neuro-anatomie distingue cinq subdivisions de l'encéphale : le myélencéphale et le métencéphale (formant le tronc cérébral), le mésencéphale (essentiellement le cervelet), le diencéphale et le télencéphale (soit le cerveau proprement dit). Ces cinq parties sont présentes chez tous les vertébrés mais au cours de l'évolution, certaines zones comme le télencéphale ont pris une énorme importance que ce soit sur le plan de leur volume relatif ou de leur fonction. Le cerveau lui-même comprend de multiples structures anatomiques assurant différents rôles fonctionnels. Certaines de ces structures, comme le diencéphale, sont donc très anciennes dans l'histoire de l'évolution. Elles assurent des réactions relativement systématiques en réponse aux stimulations, aléas de l'environnement. Ainsi, l'hypothalamus, une structure de la taille d'une petite noix située à la base du cerveau (face ventrale), et l'hypophyse, une structure de la taille d'un petit pois insérée dans le plancher osseux, assurent seuls ou conjointement avec d'autres zones cérébrales les réactions de base nécessaires aux comportements alimentaires et dipsiques (la soif), aux comportements sexuels. Ces deux structures sont en connexion étroite l'une avec l'autre par un court et mince filet nerveux (la tige pituitaire) et constituent ainsi ce qu'on appelle communément le cerveau hormonal. En effet ces centres permettent de déterminer les sécrétions de glandes endocrines de l'organisme (thyroïde, ovaires, testicules…) et participent aussi à la régulation physiologique du milieu intérieur tendant à le maintenir dans des limites contraintes (c'est le cas par exemple de la régulation thermique qui maintient notre température centrale dans une variation de quelques degrés centigrades). Au-dessus de l'hypothalamus et donc dans une position presque centrale dans le cerveau, se trouve le thalamus une structure d'une douzaine de centimètres cubes, qui constitue un véritable centre répartiteur en établissant des relais sur des voies sensorielles et motrices, mais aussi sur des circuits neuronaux intervenant dans les processus attentionnels et émotionnels. L'étymologie du terme thalamus est assez curieuse car il s'agit d'un mot grec signifiant la « chambre à coucher » du fait de l'allure de dôme qu'il peut présenter à l'observation anatomique. Si l'on s'intéresse aux traitements par le cerveau des informations sensorielles que nous recevons de manière permanente, il faut souligner parmi les structures mentionnées ci-dessus le rôle fondamental du thalamus comme structure relais. En effet il est destinataire de voies nerveuses provenant directement des organes des sens. Ainsi, vue, toucher, ouïe, goût sont en première intention destinée à ce centre relais qui transmettra les informations sensorielles entre autres au niveau du cortex cérébral (les cortex sensoriels puis les cortex associatifs) qui procèderont à l'intégration par le cerveau pour aboutir à la perception sensorielle du stimulus. D'autres voies nerveuses permettent de transmettre l'information sensorielle à différentes structures du système limbique. Ce système limbique, ou « cerveau émotionnel » comprend différents centres d'intégration situés en profondeur dans le cerveau : hippocampe, cortex cingulaire, noyaux amygdaliens et cortex orbito-frontal, entre autres… Au total la perception que nous aurons d'une stimulation sensorielle et les réactions que nous aurons à sa suite dépendront tout autant d'une analyse cognitive que d'un ressenti émotionnel.

Qu'en est-il de la sensibilité et de la perception olfactive ? La première étape est un acheminement des molécules potentiellement odorantes vers le haut des fosses nasales par le processus d'inspiration, automatique (respiration) ou forcée (renifler, flairer…). Cet acheminement peut également se produire à partir de la cavité buccale, les molécules présentes gagnant la cavité nasale par l'arrière du palais. Cette voie, dite rétro-nasale (par opposition à la précédente qualifiée d'ortho-nasale) est d'une très grande importance dans l'alimentation. Elle est à la base de la perception des arômes, des flaveurs. Lorsqu'on est enrhumé, on a souvent l'impression que les aliments « manquent de goût ». En fait, il s'agit essentiellement de la carence de sensibilité et d'analyse olfactive lors de ces épisodes. Les molécules, quelle que soit leur provenance, air inspiré par le nez ou migrant depuis la cavité buccale, vont être captées par un film de mucus qui recouvre le neuro-épithélium olfactif. Elles vont ensuite rencontrer les cils olfactifs d'un neurorécepteur et se fixer sur des récepteurs membranaires qui leur correspondent par une adaptation analogue à celle d'une clé avec sa serrure. L'existence d'un récepteur membranaire spécialisé pour tel ou tel type de molécules est conditionnée au cours du développement par l'expression d'un gène correspondant. Au total, ce système est assez couteux sur le plan du patrimoine génétique dans la mesure où il nécessitera autant de gènes que de types de récepteurs membranaires. Chez l'homme, il y aurait environ 1000 gènes destinés à coder les différents types de récepteurs, ce qui correspondrait à peu près à 1% de notre patrimoine génétique. Cela semble disproportionné de consacrer une part aussi importante du génome à la seule diversité d'odeurs que nous sommes aptes à sentir… Qui plus est, on estime que plus de la moitié de ces gènes seraient inactifs. Autrement dit, ils ont pu servir à quelque chose par le passé, conditionnant une sensibilité à un plus grand nombre d'odeurs différentes, mais ont depuis perdu leur intérêt. Donc on peut penser que la sensibilité à ce surplus d'odeurs a perdu l'intérêt adaptatif qu'il pouvait procurer. A titre de comparaison, chez les souris, environ 1300 gènes seraient mobilisés pour coder les récepteurs aux molécules odorantes, soit 3% du génome de ces animaux. On constate une fois encore nos pauvres compétences à l'égard des odeurs en comparaison d'autres espèces.

Si la coadaptation entre une molécule (l'odeur) et un neurorécepteur est assurée, elle va ensuite permettre le déclenchement d'un potentiel d'action au niveau du neurone épithélial, les axones émanant de ces neurones se réunissent en faisceaux olfactifs qui traversent la paroi osseuse du crâne par une lame criblée de trous : l'os ethmoïde. Ces faisceaux nerveux gagnent alors les bulbes olfactifs : il s'agit de deux tubes épais, d'environ 1/10 de cm^3 chacun, reposant sur le plancher osseux au-dessus des fosses nasales. A ce niveau, il existe déjà un traitement complexe de l'information avec plusieurs types de cellules nerveuses communiquant les unes avec les autres (cellules mitrales, cellules à panache, cellules péri-glomérulaires, cellules granulaires). Alors que les récepteurs à une même molécule sont situés de manière dispersée au niveau de l'épithélium olfactif, ils projettent leurs axones vers les mêmes points de rencontre au niveau de glomérules bulbaires, constituant ainsi une carte dite épitopique au niveau des bulbes olfactifs. On peut dire que c'est à ce niveau que les différentes odeurs prennent « sens » en fonction des réseaux de neurones qui seront sélectivement activés : une odeur telle que nous la percevons peut provenir des stimulations associées de plusieurs dizaines, centaines de molécules différentes. Ainsi une odeur réaliste de banane peut nécessiter l'association d'environ 300 molécules différentes. A l'opposé, l'odeur d'une seule molécule, l'acétate d'isoamyle, est toutefois suffisante pour évoquer l'odeur de banane. Plusieurs zones cérébrales sont susceptibles de moduler l'activité des neurones des bulbes olfactifs par des projections de fibres nerveuses excitatrices ou inhibitrices. Il s'agit de l'hypothalamus et des centres situés dans le tronc cérébral, responsables des états de sommeil et d'éveil. Ainsi, notre sensibilité aux odeurs peut être affectée par nos états de vigilance, de faim ou de satiété, entre autres. Une dernière curiosité et spécificité mérite d'être signalée en ce qui concerne le système neuro-épithélium et bulbe olfactif : c'est que ces cellules neuro-réceptrices ont une durée de vie très limitée. En effet, le neuroépithélium olfactif est une interface directe entre notre système nerveux et notre environnement extérieur, et il est de ce fait soumis à l'agression de polluants, xénobiotiques et autres agents nocifs. La durée de vie de neurorécepteurs sur cette ligne de front avec l'environnement est donc de quelques semaines seulement. Ils sont alors heureusement remplacés grâce à la maturation de cellules souches sous-jacentes qui assureront les mêmes fonctions spécialisées. De manière encore plus surprenante, les axones de ces nouveaux neurones se mettront en connexion avec les glomérules correspondants des cellules remplacées, assurant ainsi la pérennité fonctionnelle de la sensibilité olfactive. Il s'agit donc d'un très rare cas dans notre organisme de régénération neuronale à l'âge adulte et de maintien de la potentialité d'une fonction neurophysiologique grâce à ce processus régénérant.

A partir des bulbes olfactifs, des faisceaux de fibres nerveuses transmettent les informations à certaines structures cérébrales, constituant ce qu'on appelle le cortex olfactif primaire, qui permettront une première étape dans l'intégration par le cerveau des stimulations sensorielles. Il s'agit tout d'abord du cortex piriforme, situé en arrière, dans le prolongement du bulbe olfactif. Cette structure comprend elle aussi de nombreux interneurones qui sont susceptibles d'envoyer des feedbacks inhibiteurs au niveau du bulbe olfactif, constituant ainsi un système de régulation, de modulation des informations olfactives. Les autres zones du cortex olfactif primaire sont le cortex entorhinal et les noyaux amygdaliens. Ces deux structures sont d'un intérêt essentiel. En effet, on constate que la sensorialité olfactive est la seule modalité sensorielle à transmettre des informations non pas au thalamus en premier lieu avec un relais vers diverses zones du néocortex, comme il a été mentionné ci-dessus pour les autres sens, mais directement à des structures cérébrales archaïques. Autrement dit les zones d'intégration destinataires du message olfactif ne sont pas les zones corticales du cerveau qui ont bénéficié d'une hypertrophie chez l'homme au cours de l'évolution, mais des zones fondamentales dans les compétences de base de n'importe quel vertébré. A partir de ces zones du cortex olfactif primaire, des projections de fibres nerveuses envoient les informations vers les zones dites du cortex olfactif secondaire, il s'agit alors du thalamus, mais aussi de l'hypothalamus, de l'hippocampe, de l'insula antérieure, du gyrus cingulaire et du cortex orbito-frontal. Cette organisation anatomique unique parmi nos systèmes sensoriels entraîne des conséquences fonctionnelles tout aussi spécifiques en ce qui concerne notre odorat.

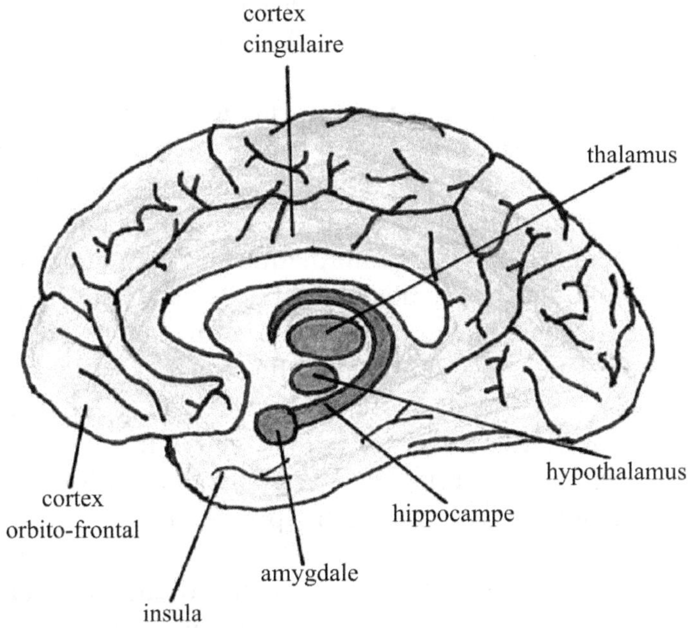

Les noyaux amygdaliens mentionnés ci-dessus sont une zone essentielle dans la perception des émotions. En imagerie cérébrale on constate leurs mobilisations immédiates lorsque des émotions intenses, quelle que soit leur origine, sont ressenties par le sujet. Cette connexion nerveuse directe des voies olfactives aux noyaux amygdaliens est responsable de la saillance émotionnelle propre aux odeurs. Lorsqu'on sent une nouvelle odeur, surtout si elle est d'une certaine intensité, la première analyse résultant de l'intégration cérébrale qu'on peut faire est en termes de plaisir ou de déplaisir : ça sent bon..., ça sent mauvais... La valence hédonique est la dimension prioritaire et prédominante de la perception olfactive, comparée aux autres modalités sensorielles. D'autres zones, intervenant en 2ème ordre comme le gyrus cingulaire, l'insula antérieure, sont également spécialisées dans l'analyse perceptive et les réactions émotionnelles, voire affectives. L'hypothalamus, quant à lui, assure de multiples fonctions, notamment celles liées à l'alimentation et à la sexualité qui sont deux comportements fondamentaux dans lesquels les odeurs peuvent jouer un rôle déterminant chez l'animal et, au moins pour l'alimentation, chez l'homme. Devant un aliment inconnu, donc non identifiable par la vue, on cherchera à obtenir des informations en flairant l'odeur dégagée. En fait, dans des restaurants haut de gamme, proposant des combinaisons originales et nouvelles pour le convive, le réflexe naturel serait de flairer avec insistance et collectivement toutes les assiettes arrivant sur la table. Ce n'est que du fait de certaines normes culturelles que nous sommes amenés à réfréner l'utilisation de possibilités d'investigation innées que nous possédons. En ce qui concerne la sexualité, il est évident que chez certaines espèces animales, la première approche d'une partenaire potentielle par le mâle est un flairage investigateur de la zone ano-génitale. Chez l'homme, l'odorat est également mis à contribution dans la sexualité mais évidemment de manière moins ostentatoire comme on le verra dans un des chapitres suivants.

L'hippocampe, autre destinataire de l'information olfactive, joue un rôle clé dans nos systèmes de mémoire. Il s'agit de structures de forme conique, situées à faible profondeur sous la surface corticale au niveau de chacun des lobes temporaux. Le rôle des hippocampes a été établi à la suite d'effets hautement indésirables liés à une opération chirurgicale. Il s'agit du célèbre cas du patient HM (maintenant connu sous le nom d'Henry Molaison) qui a subi une résection majeure de ses deux hippocampes en 1953. L'opération avait pour but d'éliminer des foyers responsables de crises d'épilepsie très invalidantes pour ce jeune homme de 27 ans. Conséquence involontaire et inattendue de cette opération, HM a été incapable pendant tout le reste de son existence (il est décédé en 2008) de se souvenir de quelque événement que ce soit postérieur à l'opération. L'intervention neurochirurgicale a donc provoqué, à la surprise du corps médical, une pathologie tout à fait particulière qui est une amnésie antérograde de la mémoire dite déclarative, qu'elle soit de nature épisodique (il s'agit de la mémoire des situations vécues sur le plan personnel) ou sémantique (il s'agit de la mémoire des apprentissages formels de connaissance). Ainsi, HM était capable de se souvenir pendant quelques minutes de ce qu'il avait fait, de ce qu'il avait appris, puis tout était oublié. HM a vécu sans mémoire durant 55 ans… Depuis, les études ont largement confirmé un rôle clé des hippocampes dans la mise en mémoire et dans le rappel de mémoire. Les connexions anatomiques des voies olfactives avec ces structures hippocampiques, conjointes à celles décrites ci-dessus avec les noyaux amygdaliens, sont donc susceptibles de se traduire par des fonctionnalités originales de la perception olfactive. Effectivement la mémoire olfactive est tout à fait particulière du fait de sa forte connotation épisodique. Il nous arrive de sentir une odeur et de ce fait de nous remémorer avec assez de précisions quelles étaient les circonstances exactes de notre expérience précédente avec cette même odeur : quand, où, comment… Cette mémoire est très prégnante et durable. Le « flash-back » peut remonter plusieurs années en arrière, sans qu'aucun renforcement ou répétition ne soit intervenu entre-temps. Poussée à l'excès, on parlera de cette faculté mnésique comme du « syndrome de Proust ». La référence est un passage du livre de Marcel Proust *A la Recherche du Temps perdu*. L'odeur d'une pâtisserie, en l'occurrence une petite madeleine humectée de thé, renvoie l'écrivain à son enfance : « Et tout d'un coup, le souvenir m'est apparu. » : suit une longue description des circonstances initiales entourant la même perception sensorielle. La madeleine de Proust est donc restée célèbre. En fait l'édition en 2015 du manuscrit original a permis de savoir, à partir des ratures du texte, qu'il s'agissait en première écriture de pain grillé, puis de biscotte... sans la modification ultime de l'écrivain, il n'aurait jamais été question de la « ...valve rainurée d'une coquille Saint-Jacques ».

Enfin, une zone d'intérêt du cortex olfactif secondaire est constituée par le cortex orbito-frontal. Comme son nom l'indique, cette zone du néocortex est située à la base du front et au-dessus des cavités orbitaires. Son rôle a été abondamment documenté par Antonio Damasio, professeur de psychologie et neurologie à la Southern California University dans ses ouvrages. Un des cas cliniques de référence qu'il cite est celui de Phineas Gage. Ce pauvre jeune homme travaillait sur un chantier d'installation d'un chemin de fer aux Etats-Unis le 13 septembre 1848 à poser des explosifs. Une malheureuse manipulation de sa part avec sa barre à mine provoqua une explosion accidentelle de la poudre. La barre à mine (longueur 1,09 mètre et diamètre 3 centimètres) lui échappa des mains, traversa son crâne et atterrit plusieurs mètres plus loin. Tombé évanoui sur le coup, il se réveille dans la charrette qui l'emmène chez le docteur du village voisin. Il survivra pendant 13 ans à son accident avec des lésions irréparables à son cerveau dans cette région du cortex orbito-frontal. Son comportement habituel s'en est trouvé bouleversé. Alors qu'il s'agissait d'un travailleur énergique, social, il est devenu après son accident plutôt impulsif, capricieux, distrait et dans l'ensemble assez irresponsable. Il manifestait selon des contemporains toutes les « pulsions animales d'un homme vigoureux ». On déconseillait aux dames de rester plus de quelques minutes en sa présence : il était en effet visité un peu comme un animal de foire et d'ailleurs, incapable de s'astreindre à un nouveau travail, il finira son existence comme une attraction du cirque Barnum, s'exhibant avec sa barre à mine à la main. Depuis ce report initial d'un cas clinique, de nombreuses autres observations ont pu être réalisées chez des patients traumatisés crâniens et plus récemment en imagerie cérébrale. Il en ressort que cette région du cortex est essentielle pour établir des relations entre nos émotions, nos impulsions et nos éléments de raisonnement qui, eux, sont guidés par des apprentissages, des objectifs, des contraintes sociales et environnementales. Ainsi le cortex orbito-frontal joue un rôle fondamental dans les prises de décisions qui guident tous nos choix d'action dans un répertoire possible. Les conséquences de lésions étendues du cortex orbito-frontal seront une inadaptation des émotions aux situations sociales et environnementales, une irritabilité, une impulsivité, des prises de décision, des prises de risques infondées et inadéquates aux circonstances. Que le cortex orbito-frontal soit la destination néocorticale privilégiée de l'information olfactive n'est pas sans conséquence sur le plan de l'intégration cérébrale de cette perception sensorielle car de ce fait les odeurs pourraient intervenir dans les aspects émotionnels participant aux prises de décisions de l'individu.

Une dernière curiosité propre au système olfactif est que les voies nerveuses issues des neuro-épithéliums des fosses nasales ont des centres de destination dans le cerveau majoritairement ipsilatéraux. C'est-à-dire que les informations venant d'une narine sont analysées de manière prédominante par l'hémisphère cérébral situé du même côté. Les voies nerveuses propres à nos autres sens sont majoritai-rement croisées et donc les informations parviennent majoritairement à l'hémisphère controlatéral, situé du côté opposé. Or chacun de nos hémisphères cérébraux assume prioritairement certaines fonctions. On considère généralement que, chez les droitiers, la fonction du langage, qu'il s'agisse de sa compréhension ou de sa production, est assumée par l'hémisphère gauche. En revanche, les aspects émotionnels seraient essentiellement traités par l'hémisphère droit. Pour entendre au mieux une conversation téléphonique, on a l'habitude de placer le haut-parleur du combiné sur l'oreille droite : en fait ce choix n'a rien à voir avec une dextérité manuelle plus importante de la main droite mais il permet d'optimaliser le traitement de l'information verbale par notre cerveau gauche. De manière analogue, si l'on souhaite profiter pleinement d'un film d'épouvante au cinéma, on aura intérêt de s'asseoir dans les travées sur la droite de la salle. Ainsi on visionnera le film essentiellement avec le champ visuel gauche, qui enverra majoritairement l'information à l'hémisphère droit via le chiasma optique (croisement des voies visuelles situé sous le thalamus), les émotions ressenties n'en seront que plus intenses. Le système olfactif partage donc cette spécialisation hémisphérique du traitement de l'information. Les sensations de plaisir/déplaisir générées par une odeur seront plus intenses si elle est sentie par la seule narine droite que par la seule narine gauche. En revanche, s'il s'agit de donner le nom de l'odeur, les performances seront meilleures si celle-ci est perçue par la narine gauche plutôt que par la narine droite (Herz et coll., 1999 ; Millot et Brand, 2000). Donc si on souhaite apprécier le plaisir du parfum d'un ou une partenaire à la séance de cinéma mentionnée ci-dessus, il faut penser à s'asseoir sur sa gauche… Cette spécialisation hémisphérique du traitement de l'information olfactive est confirmée par plusieurs types d'études. Chez les patients ayant subi des lésions cérébrales, au niveau temporal et/ou frontal, la perception olfactive est sensiblement dégradée si l'atteinte est située du côté droit. En imagerie cérébrale, l'inhalation bi-rhinale passive d'une odeur, sans tâche particulière à réaliser par le sujet, provoque une activation deux à trois fois plus importante au niveau de l'amygdale et du cortex orbito-frontal de l'hémisphère droit que de l'hémisphère gauche.

Au total, notre cerveau intègre successivement ou simultanément différentes composantes caractérisant la perception d'une odeur. Il s'agit tout d'abord de la sensibilité et de la seule détection de l'odeur, au niveau du bulbe olfactif et du cortex olfactif primaire. Une odeur peut d'ailleurs être perçue sans que pour autant nous soyons conscients de sa perception. C'est ce que démontre une étude déjà ancienne de Van Toller et collaborateurs (1983). Ils ont ainsi constaté qu'une partie des sujets testés étaient, semble-t-il, anosmiques à l'odeur de l'androsténone (une molécule présente dans les sécrétions sudoripares chez l'homme), mais curieusement, ces mêmes sujets présentaient toutefois une réaction électrodermale (une légère augmentation de leurs sécrétions sudoripares au niveau des paumes des mains) témoignant donc d'une réaction émotionnelle lors de l'inhalation de cette odeur. Ces réactions électrodermales sont sous commande de notre système nerveux neuro-végétatif dont les activations sont de nature réflexe, indépendante de la conscience et/ou de la volonté. S'il y a détection de l'odeur, et donc intégration au niveau conscient de cette stimulation sensorielle, le cortex olfactif secondaire sera mis à contribution pour des analyses de plus en plus complexes. Si la dimension émotionnelle liée à la perception olfactive est la plus saillante, il ne s'agit pas pour autant de la seule dimension d'analyse liée à cette modalité sensorielle. Ces autres aspects concernent tout d'abord l'évaluation de l'intensité (odeur forte ou discrète), mais aussi du jugement de familiarité (cette odeur nous est bien connue ou étrangère), de la discrimination éventuelle (possibilité de faire la distinction entre deux odeurs différentes grâce à une mémoire à court terme), de la reconnaissance (dans quelles circonstances cette odeur a-t-elle déjà été sentie), et enfin de l'identification vraie ou dénomination. Il s'agit de mettre le label (le nom) correct sur l'odeur. Cette dernière étape est la plus exigeante sur le plan cognitif et n'est pas toujours possible. En dehors de toutes aides indicatives, si l'on sent une odeur dans un tube, on pourra avoir énormément de mal à donner son nom même si on est sûr qu'elle nous rappelle quelque chose et qu'elle semble donc très familière. Cette dernière phase d'identification peut d'ailleurs être réalisée sous deux formes de manière expérimentale : la dénomination libre et la dénomination aidée. En dénomination libre et donc sans aucune aide contextuelle, la plupart des sujets échouent à donner un nom pour la plupart des odeurs. L'odeur la plus facilement identifiée, pour environ 70% des sujets, serait celle de lavande. En dénomination aidée, on propose au sujet une liste de quelques noms dont un correspond à l'odeur et généralement le sujet pourra alors donner une réponse correcte.

Nous sommes très inégaux en ce qui concerne les compétences olfactives. Il existe tout d'abord en moyenne une inégalité homme-femme marquée. Les femmes de manière générale sont plus performantes que les hommes en ce qui concerne l'ensemble des compétences sensorielles et les différentes dimensions propres à la perception olfactive n'échappent pas à cette règle. Cette supériorité apparaît dès l'enfance et peut être considérée comme universelle et donc transculturelle. C'est du moins ce qui ressort d'une étude ambitieuse réalisée par la *National Geographic Society* auprès de plus d'un million de personnes dans les années 1980 (Wysocki et Gilbert, 1989). En deuxième lieu, il existe des inégalités selon l'âge : les personnes âgées présentant en moyenne une diminution de la sensibilité olfactive. L'inégalité entre homme et femme se remarque ici aussi dans la mesure où la dégradation de la sensorialité olfactive est plus tardive chez la femme que chez l'homme.

- **Un sens supplémentaire pour percevoir les odeurs : le système trigéminal**

Nous avons détaillé comment notre système olfactif procède pour construire une perception des odeurs. En fait, il existe une autre modalité sensorielle qui participe à notre perception de l'environnement chimique volatil qui nous entoure : il s'agit du système trigéminal. Les nerfs trijumeaux sont des nerfs crâniens mixtes, c'est-à-dire qu'ils sont à la fois sensitifs et moteurs. Ils innervent par leurs ramifications une partie des mandibules et une partie des cavités nasales. Ils sont pourvus de terminaisons nerveuses libres ou spécialisées, affleurant à la surface des cavités buccales et nasales, qui peuvent capter certaines molécules. Au quotidien, la plupart des odeurs que nous pouvons sentir sont bimodales, correspondant à deux modalités sensorielles car elles vont stimuler simultanément, en fonction de leurs compositions moléculaires, le système olfactif et le système trigéminal. En 1978, Richard L. Doty, éminent spécialiste de l'olfaction à l'Université de Pennsylvanie, avait testé plusieurs dizaines d'odeurs auprès de patients déclarés anosmiques, donc dépourvus de tout odorat, à la suite de traumatismes cérébraux (Doty et coll., 1978). Il s'est avéré que ces patients anosmiques pouvaient pour la plupart sentir la majeure partie des odeurs testées. Quelques odeurs seulement se sont révélées comme des stimulants olfactifs exclusifs et ne pouvant donc pas être perçues par les patients. En l'occurrence il s'agissait de l'acide décanoïque (légère odeur caprine), de la vanilline, de l'eugénol (odeur de clous de girofle), de l'alcool phényléthylique (odeur de rose). En revanche, d'autres odeurs étaient perçues par tous les patients anosmiques comme le menthol, l'acétate d'isoamyle (odeur de banane), l'acide butyrique (odeur de vomissures…). Dans les études spécialisées sur la perception olfactive, on utilise très souvent le sulfure d'hydrogène (odeur d'œufs pourris) car stimulant exclusif des nerfs olfactifs et le dioxyde de carbone car stimulant exclusif du système trigéminal. Dans la pratique, les odeurs qui donnent une sensation de picotement, légèrement ou franchement irritante sont des stimulants certains du système sensoriel trigéminal : l'ammoniaque, le vinaigre… Cette réaction qui peut être aversive aux stimulants trigéminaux est souvent interprétée comme une réaction de défense, de protection de l'organisme en réponse à des composés chimiques volatils qui peuvent s'avérer potentiellement dangereux pour les voies respiratoires. Toutefois, ces stimulations trigéminales sont également recherchées, à dose modérée, par exemple comme condiment dans l'alimentation. C'est le cas de la molécule d'allyl-isothiocyanate présente dans la moutarde, de la capsaïcine présente dans le piment, de la pipérine présente dans le poivre. En fait, un grand nombre de qualificatifs s'applique aux sensations produites par une excitation trigéminale : piquant, âcre, cuisant, douloureux, picotant, irritant, frais…

Quelles sont les voies nerveuses cérébrales d'intégration des stimulants trigéminaux ? La sensibilité trigéminale suit des voies beaucoup plus classiques que la sensibilité olfactive au cours de l'intégration perceptive par le cerveau. Lorsqu'un potentiel d'action est déclenché par des molécules captées au niveau périphérique, dans la cavité nasale par exemple, les activations nerveuses sont propagées par le nerf trigéminal jusqu'au niveau du tronc cérébral où elles gagnent les noyaux trigéminaux. Le cheminement nerveux de l'information gagne alors les hémisphères cérébraux avec des zones d'intégration corticales majoritairement controlatérales et non plus ipsilatérales comme c'était le cas pour l'olfaction. C'est donc l'hémisphère cérébral opposé au côté de la stimulation qui traitera de l'information. Les zones activées sont entre autres des parties du cortex somesthésique, concerné par les stimulations tactiles, des parties du cortex cingulaire, concerné par des sensations déplaisantes, voire douloureuses, des parties du cortex insulaire, concerné par l'intégration des différentes stimulations de nature chimique, goût et olfaction (Lombion et coll., 2009).

- **Un mystère chez l'homme : l'organe voméro-nasal**

Chez des vertébrés comme des amphibiens, des reptiles, des mammifères, existe un autre type d'organe récepteur à des substances chimiques qui est l'organe voméro-nasal. Les poissons en sont dépourvus et l'apparition de cet autre sens chimique est donc liée à l'adaptation au milieu terrestre au cours de l'évolution. Il s'agit d'une petite cavité, tapissée de neurorécepteurs et s'ouvrant, selon les espèces animales concernées, soit sur la cavité orale, soit sur la cavité nasale, soit sur le canal nasopalatin qui relie entre elles les deux cavités précédentes. Chez certaines espèces animales, comme les serpents, cet organe peut-être relativement développé, il reçoit alors le nom d'organe de Jacobson. Chez les mammifères, on estime généralement qu'il joue un rôle important dans la réception de molécules à valeur phéromonale, liées au comportement sexuel par exemple. Les informations sensorielles reçues par cet organe voméro-nasal sont transmises aux bulbes olfactifs accessoires, situés en arrière des bulbes olfactifs principaux, puis aux noyaux amygdaliens et à l'hypothalamus antérieur (Trotier, 2011).

Qu'en est-il chez l'homme ? Sur le plan strictement anatomique, cet organe existe bel et bien, au moins pendant la vie intra-utérine, chez l'embryon et le fœtus mais semble régresser et devenir vestigial au cours du développement ultérieur. Il s'agit d'une petite capsule allongée cartilagineuse, d'un volume de quelques millimètres cubes, située à la base du septum nasal. Les études à son sujet concluent à une atrophie anatomique de cet organe qui ne serait donc plus fonctionnel chez l'homme. Par ailleurs, les gènes qui sont à l'origine du codage des neurorécepteurs propres à cet organe ne sont plus opérationnels, ils sont à l'état de pseudogènes. Toutefois, certaines études en imagerie cérébrale ont pu mettre en évidence des activations neuronales localisées au niveau de l'hypothalamus antérieur chez l'homme en lui faisant sentir certaines molécules présentes naturellement dans la sueur. Sur le plan anatomo-fonctionnel, on trouve donc ici une réaction quelque peu analogue à celle décrite chez l'animal en réponse à des phéromones dans le cadre des comportements sexuels.

Chapitre 2

Comment les odeurs ambiantes peuvent modifier notre comportement

Les odeurs de notre environnement, qu'elles soient plus ou moins permanentes ou occasionnelles sont intégrées dans notre cerveau au terme des processus neuronaux décrits dans le chapitre précédent. De fait, leur perception peut être de nature consciente ou inconsciente. Les particularités neuro-anatomiques propres à la perception olfactive vont entraîner certaines conséquences fonctionnelles notamment sur des aspects émotionnels et attentionnels. L'impact sur les émotions est une conséquence des connexions directes entre le système olfactif et les centres cérébraux appartenant au système limbique. L'impact sur l'attention peut-être un corollaire de l'émotion mais aussi être propre à la mise en alerte de notre organisme suite à un événement inattendu dans notre environnement que peut indiquer la présence d'une odeur. Autrement dit, une odeur perçue peut changer notre humeur ou encore faire varier notre degré de vigilance. Ces effets seront d'autant plus marqués que la valence hédonique de l'odeur sera accentuée, c'est-à-dire perçue comme très agréable ou très désagréable.

De nombreuses recherches se sont intéressées à ces odeurs, présentes dans l'environnement mais qui sont étrangères au répertoire biologique de notre espèce et qui n'ont rien en commun avec nos propres odeurs corporelles. Ces odeurs ont des origines et caractéristiques multiples : de connotations florales, animales, alimentaires ou non, et leurs effets ont donc essentiellement été étudiés de manière expérimentale. La plupart des recherches réalisées sur ce sujet se fondent sur des méthodes de type psychophysique ou encore par l'exploration indirecte ou directe de l'activité du système nerveux central. L'approche psychophysique est une méthode simple et rapide qui prend en compte le ressenti subjectif des individus. Il s'agira pour les sujets testés de compléter des échelles d'évaluation décrivant des degrés de la perception qu'ils peuvent avoir d'une odeur (odeur très faible ou très intense par exemple) ou de leur propre état (je me sens peu ou très éveillé…). Au total, les données, si elles sont recueillies à partir d'un échantillon représentatif d'individus, auront une validité statistique indéniable. L'investigation du fonctionnement du système nerveux central fait appel à des appareillages qui peuvent être plus ou moins sophistiqués. Des techniques relativement simples à mettre en œuvre consistent à enregistrer grâce à des électrodes cutanées différentes manifestations électriques ou mécaniques de notre système neuro-végétatif. Ce système nerveux autonome, va permettre de réguler ou modifier de manière réflexe la vitesse de notre battement cardiaque, notre pression artérielle ou encore notre sudation dite « psychique », ou Réponse Electro-Dermale (RED), produite sur les surfaces de la paume des mains et de la plante des pieds en réponse à une stimulation émotionnelle. Enfin, d'autres techniques plus coûteuses font appel à l'imagerie cérébrale à partir d'Electro-EncéphaloGramme en Haute Résolution (EEG HR) ou encore grâce à l'Imagerie par Résonance Magnétique fonctionnelle (IRMf). On peut de cette manière connaître avec précision les zones cérébrales impliquées dans le traitement de l'information olfactive selon le protocole expérimental suivi (type d'odeurs, contexte, etc.). Toutefois ces méthodes présentent certaines limites et ont été critiquées à divers titres, soit comme trop imprécises ou faussées par d'éventuelles suppositions du sujet quant au but de l'étude, soit comme trop descriptives et ne rendant pas compte du résultat global des processus cérébraux (Manley, 1993 ; Wise et coll., 2000). De fait une attention particulière doit être prêtée à la conception du protocole d'étude pour éviter les biais expérimentaux, fréquents dans le domaine des sciences cognitives ou affectives. De manière alternative ou complémentaire aux approches mentionnées ci-dessus, d'autres études se focalisent sur le comportement comme indice de modifications qui seraient induites par l'exposition à certaines odeurs. En effet si les odeurs ont un impact sur les émotions ou les niveaux de vigilance, on peut naturellement s'attendre à ce que des aspects comportementaux s'en trouvent modifiés. Les réactions comportementales prises en compte peuvent être simples comme la répulsion ou l'attraction. Elles peuvent être également plus complexes, affectant différentes coordinations sensori-motrices ou révélant des implications de nature cognitive ou sociale.

- **Durant l'enfance**

Les effets des odeurs sont mis en évidence dès la naissance. Ainsi des prématurés ont une activité motrice augmentée en réponse à des odeurs d'acide nonanoïque (un acide gras, présent entre autres dans les géraniums) et d'eucalyptol. L'ammoniaque quant à elle déclenche des comportements de répulsion. En fait il est fort probable que ces réactions ne sont pas dues à des appréciations hédoniques d'odeurs au sens propre du terme mais seulement imputables à des effets réflexes dépendants de l'intensité de la composante trigéminale propre à chacune de ces stimulations chimiques. En effet l'ammoniaque est un puissant stimulant trigéminal d'où ses propriétés irritantes. D'autres études se sont intéressées aux mimiques faciales, déjà identifiables chez le nouveau-né et le nourrisson, en tant que manifestations de réactions émotionnelles de plaisir ou de déplaisir. Ainsi on constate que des odeurs d'œufs pourris déclenchent par exemple des expressions faciales d'aversion, ce qui n'est pas le cas pour d'autres odeurs comme la vanille. Des modifications du comportement de succion ont également été observées en réponse à la présentation d'autres odeurs considérées comme plaisantes par les adultes comme l'odeur de lavande ou d'anis (Self et coll., 1972). Enfin, des odeurs particulières peuvent être rendues attractives par un conditionnement à renforcement positif dès l'âge de deux jours (Sullivan et coll., 1991). Des processus d'apprentissage similaires ont également été mis en évidence au cours de la période fœtale : les nouveau-nés manifestent des comportements d'attraction à l'égard d'une odeur d'anis seulement si leur mère a consommé un produit de même arôme durant la grossesse (Schaal et coll., 2000). Cette dernière étude démontre par ailleurs les compétences sensorielles du fœtus à l'égard de molécules en suspension dans le liquide amniotique, provenant de l'alimentation et susceptibles de passer la barrière placentaire du fait de leurs faibles dimensions. En outre, elle démontre une capacité d'apprentissage par habituation ou conditionnement à ces stades très précoces du développement avec les capacités de mémorisation à long terme que cela implique. Si on peut imaginer que des familiarisations ou conditionnements peuvent advenir à l'égard de nombreuses molécules en fin de grossesse, molécules présentes dans l'alimentation, la boisson ou encore l'air inspiré par la future mère, on ignore toutefois leur pérennité : jusqu'à quel âge cette exposition précoce pourra être mémorisée et sera donc susceptible de modifier le comportement.

Les mimiques faciales ont également été étudiées chez des enfants plus âgés, en tant qu'expression de réactions émotionnelles susceptibles d'avoir des implications sociales (Soussignan et Schaal, 1996). Des odeurs plaisantes ou déplaisantes vont notamment générer dans une situation expérimentale différents types de mimiques faciales chez des enfants âgés de 2 à 15 ans. Si des sourires sont essentiellement exprimés pour des odeurs plaisantes, les odeurs déplaisantes peuvent induire des mimiques plus ambiguës, voire des expressions de dégoût, qui semblent contrôlées en fonction de la situation sociale immédiate, telle que la présence de l'expérimentateur. Ainsi, l'expression de l'émotion est fonction du contexte social. Il s'avère également que des enfants qui présentent des troubles du développement social manifestent davantage des mimiques faciales d'aversion et moins de sourires que des enfants témoins (Soussignan et coll., 1995).

On constate également que l'effet des odeurs peut se combiner avec des processus d'apprentissage. C'est ce qu'ont voulu étudier Gisela Epple et Rachel Herz (1999) chez des enfants âgés de cinq ans en s'intéressant à des processus cognitifs par l'intermédiaire d'un conditionnement. La situation mise en œuvre est celle d'un échec (il s'agit d'un problème insoluble de labyrinthe) vécu par les enfants dans une salle expérimentale où l'on avait diffusé des parfums d'ambiance particulière (soit *Northern Rainforest*, soit *Key West*). Au terme de 20 minutes de repos, une autre tâche est demandée aux enfants qui consiste à entourer d'un trait des dessins d'animaux qui présentent certaines caractéristiques parmi d'autres proposées, et ce dans un temps limité. Dans cette deuxième situation, réalisée dans une salle expérimentale différente, les performances des enfants sont moins bonnes si l'odeur diffusée dans cette nouvelle salle est identique à celle diffusée lors de la situation initiale d'échec que lorsqu'il s'agit d'une odeur différente. Ainsi les odeurs ambiantes peuvent significativement modifier les performances cognitives en fonction des circonstances préalables auxquelles elles ont pu être associées. On constate qu'une seule association entre l'exposition à l'odeur et la situation d'échec est suffisante pour dégrader les performances ultérieures, au moins à court terme (20 minutes dans cette étude). La question reste posée de savoir si on peut constater également une dégradation dans des perspectives à long terme. Il est tout à fait envisageable que l'association répétée entre une odeur et une situation d'échec puisse créer et consolider une mémoire associative. De ce fait, la réapparition de l'odeur ambiante, même au-delà de plusieurs mois ou années d'interruption, pourrait conduire à minimiser à nouveau les performances de l'individu. Ce type d'étude n'a jamais été réalisé, ni chez des enfants, ni chez des sujets adultes, mais tout permet de penser qu'on peut avoir des processus analogues à moyen ou long terme. La mémoire des odeurs, comme on l'a déjà vu, est particulièrement prégnante et durable. Ces questions sont dignes d'intérêt si on les resitue dans le cadre de l'environnement olfactif scolaire en ce qui concerne les enfants ou encore dans le cadre d'un environnement professionnel en ce qui concerne les adultes.

- **Chez l'adulte**

En ce qui concerne des sujets adultes, la manière la plus simple d'accéder aux émotions ressenties et de faire remplir des questionnaires d'auto-évaluation, ceux-ci pouvant comprendre plusieurs dizaines d'items différents. La procédure en ce cas est assez simple, il suffit d'exposer des sujets soit à des odeurs agréables, soit désagréables et de comparer les résultats entre eux ou avec une situation témoin. Ceci a par exemple été réalisé par Ehrlichman et Bastone (1992) qui ont exposé des jeunes femmes soit à une odeur agréable (menthe, orange, amande, chocolat), soit à une odeur désagréable (lait sûr), soit à un témoin (eau), en leur faisant porter un masque chirurgical imprégné du produit pendant 20 minutes. Les résultats montrent sans ambiguïté, une amélioration de l'humeur auto-estimée en cas d'odeurs agréables et une dégradation de celle-ci dans le cas d'une odeur désagréable.

Chez l'adulte, des réactions comportementales ont été étudiées à différents niveaux de complexité. Un des plus élémentaires concerne le réflexe palpébral, c'est-à-dire le clignement de paupières qui est une réaction automatique consécutive par exemple à l'audition d'un bruit intense et soudain. Ce clignement de paupières peut être enregistré de manière extrêmement précise grâce à un électromyogramme avec de petites électrodes disposées à la surface des muscles impliqués. Les analyses portent sur les durées et intensités (magnitudes) de ce réflexe musculaire. Cette réaction réflexe a été utilisée car on sait que son amplitude peut être modulée en fonction du contexte émotionnel. De fait, l'amplitude du réflexe palpébral est augmentée lorsque le sujet sent une odeur désagréable (sulfure d'hydrogène) et diminuée si l'odeur est agréable (noix de coco) (Ehrlichman et coll., 1997). Ces résultats montrent de toute évidence un impact émotionnel « automatique » des odeurs avec les corollaires attendus sur le système nerveux central et sur le comportement.

L'effet d'odeurs ambiantes avec des caractéristiques hédoniques opposées a été étudié sur d'autres types de coordinations sensori-motrices mais plus complexes que des simples réflexes par notre équipe de recherche au Laboratoire de Neurosciences de l'Université de Bourgogne-Franche-Comté (Millot et coll., 2002). Il s'agit de celles mises en œuvre dans une épreuve classique de temps de réaction, faisant appel à différents niveaux de traitement cognitif selon la nature de la tâche demandée. Dans cette étude, les sujets, des étudiants comme c'est le cas dans la plupart des études, sont exclusivement féminins. En effet il a été largement démontré que les femmes sont plus sensibles aux odeurs que les hommes et que leurs comportements sont davantage susceptibles d'être modifiés par des odeurs ambiantes (Brand et Millot, 2001). Les sujets sont installés devant un écran d'ordinateur et un logiciel permet de délivrer successivement trois séries de stimulation. Dans la première série, le sujet a pour consigne d'appuyer sur la barre d'espacement du clavier dès qu'une croix apparaît au centre de l'écran. Dans la deuxième série, le sujet suit la même consigne dès qu'il entend un son délivré par les haut-parleurs de l'ordinateur. Dans la dernière série, le logiciel délivre de manière aléatoire une stimulation soit auditive soit visuelle, le sujet ayant pour consigne de réagir aux seules stimulations auditives et non visuelles. Les sujets ont été répartis dans trois groupes expérimentaux correspondant à trois ambiances olfactives différentes : neutre, agréable, désagréable. Dans le premier cas aucune odeur particulière n'était utilisée, dans le deuxième et le troisième cas de la lavande ou de la pyridine (odeur aversive de lait caillé) était vaporisée avant les tests à une concentration telle que l'odeur était immédiatement perceptible dès l'entrée dans la pièce. Pour les trois groupes, on mentionnait aux sujets que s'ils sentaient une odeur, c'était parce que la pièce expérimentale servait également à des recherches sur l'olfaction. Cette procédure est utilisée pour éviter la compréhension par les sujets du but réel de l'étude qui ne leur est expliqué qu'*a posteriori* et donc de prévenir d'éventuels présupposés des sujets quant à leurs performances comportementales. Les résultats montrent des différences significatives du temps de réaction selon l'ambiance olfactive pour les deux premières séries de tests. Ainsi le temps de réaction à une simple stimulation, de nature visuelle ou acoustique, est plus rapide lorsque l'odeur ambiante est agréable (lavande) ou désagréable (pyridine) que lorsqu'elle est neutre. En revanche, la différence n'atteint pas un seuil significatif pour la troisième série de tests qui nécessite une prise de décision davantage réfléchie. L'absence de différences pour cette dernière série de tests pourrait indiquer que l'effet des odeurs ambiantes est moins évident lorsque la tâche exécutée requiert des processus cognitifs plus complexes. Il peut être surprenant d'obtenir des modifications identiques alors que les valences hédoniques sont diamétralement opposées. En fait tout semble se passer comme si la réaction émotionnelle, qu'elle soit induite par une stimulation agréable ou désagréable, mobilisait les mêmes facultés attentionnelles. Quelques études se sont intéressées à des performances mettant en œuvre d'autres processus cognitifs, les résultats sont quelquefois contradictoires et sont souvent de portée limitée du fait des méthodologies utilisées. Ludvingson et Rottmann (1989) ont soumis des sujets à différentes tâches cognitives comprenant des exercices mathématiques, des problèmes de vocabulaire, des exercices de mémoire, dans trois conditions expérimentales différant par l'odeur ambiante : odeur de lavande, odeur de clous de girofle, absence de toutes odeurs particulières. Les résultats montraient une baisse des performances des sujets, surtout pour les exercices de mathématiques..., si une odeur de lavande était présente. Comme dans l'étude ci-dessus, on constate que l'effet des odeurs n'est pas probant s'il s'agit de tâches cognitives complexes. Par ailleurs dans cette étude, l'intensité de l'odeur était relativement forte selon les auteurs et il est donc possible qu'elle ait pu jouer le rôle de simple distracteur attentionnel.

Il est intéressant de souligner que la simple suggestion d'une odeur présente peut avoir quelquefois des conséquences observables. C'est ce qu'ont démontré Gilbert et ses collaborateurs (1997) pour des sujets féminins. Le simple fait de leur suggérer qu'une odeur était présente a suffi à améliorer leurs performances dans des tâches de barrage manuel de chiffres, exercice demandant de l'exactitude et de la rapidité.

On a vu ci-dessus avec les travaux de Rachel Herz, que l'association entre une odeur et une situation d'échec créait une mémoire telle que la seule présence de l'odeur pouvait par la suite induire une diminution des performances. Chez l'adulte, on a à disposition une étude réalisée au CNRS à Lyon (Robin et coll., 1999), prouvant des effets de mémoire associative à long terme entre une odeur et le désagrément, si ce n'est la douleur. Il s'agissait d'exposer des sujets à l'odeur de clous de girofle alors qu'on enregistrait différents paramètres neurovégétatifs (fréquence cardiaque, réponse électrodermale) révélateurs de leurs réactions émotionnelles. Ainsi, on a pu constater de faibles ou fortes réactions émotionnelles en réponse à cette odeur selon le passé en soins dentaires des sujets. L'odeur de clous de girofle était associée, ou non, à des séances de nature peu agréable chez les dentistes !

Enfin, une dernière question est de savoir si les odeurs ambiantes peuvent effectivement modifier les comportements dans de réelles situations d'interaction sociale. Une des premières approches dans ce domaine est sans doute celle de Baron (1980). Des sujets avaient l'opportunité d'agresser quelqu'un qui les avait au préalable indisposés en faisant d'eux une description très peu flatteuse. L'agression possible était l'envoi de chocs électriques de durées et intensités variables, sous prétexte d'étudier les réactions physiologiques à des stimulations déplaisantes. Ces chocs électriques étaient bien sûr fictifs, mais la mise en scène était suffisamment convaincante pour que le sujet croit en leur réalité (voir les célèbres études de Stanley Milgram dans les années 1960 sur la soumission à l'autorité en ce qui concerne ce protocole expérimental). Les résultats ont montré qu'en présence d'un parfum, *Jungle Gardenia*, l'agression, objectivée par les mesures d'intensité et de durée des chocs électriques, est plus importante que lorsqu'une odeur neutre est diffusée. Si on considère que des odeurs agréables sont habituellement supposées favoriser l'attraction sociale, ces résultats sont plutôt surprenants et inattendus. En fait l'explication d'un tel effet est sans doute à rechercher dans une augmentation de la vigilance ou de l'attention causée par l'odeur qui amplifierait l'intensité de l'acte d'agression. Des effets socio-positifs dans le cas d'odeurs ambiantes agréables ont effectivement été démontrés dans des études ultérieures par exemple sur la propension à apporter une aide à quelqu'un dans une situation expérimentale en laboratoire. Cet effet social positif a également été montré dans des situations plus réalistes avec une approche naturaliste par de trop rares études. Ainsi Baron (1997) a pris en compte la réaction de passants dans une grande surface commerciale lorsqu'un complice de l'expérimentateur leur demande de la monnaie en échange d'un billet d'un dollar. La propension des passants à s'arrêter et à répondre à la demande est plus importante dans les zones commerciales caractérisées par des odeurs agréables (boulangerie, par exemple) que dans les zones sans odeurs notables (rayons d'articles vestimentaires, par exemple). Une autre situation « écologique » étudiée avec une inventivité certaine de l'auteur est celle où une jeune femme, très parfumée ou pas du tout, feint de perdre ses gants en les laissant tomber : on note alors la réaction des passants dans les 10 secondes qui suivent (Guéguen, 2001). Les résultats montrent qu'ils signalent plus souvent à la jeune femme la perte de ses gants si elle porte un parfum, discernable dans un rayon de trois mètres selon les précisions de l'auteur. Toutefois dans cette étude, il est difficile de faire la part entre une modification directe des interactions sociales avec un effet socio-positif de l'odeur et une simple modification de l'attention portée au sujet et à ses actes, cause indirecte d'une attitude sociale différente. Dans notre groupe de recherche (Millot et Brand, 2001), nous avons testé l'effet de la valence hédonique des odeurs sur une composante rarement prise en compte de l'expression émotionnelle à valeur de communication sociale. Il s'agit de la prosodie, c'est-à-dire la « mélodie » de la voix, et plus particulièrement des variations graves ou aiguës de la fréquence fondamentale qui donne l'impression générale du timbre de voix. En effet on sait qu'une émotion comme la joie est associée à une augmentation de cette fréquence fondamentale de la voix. En revanche la colère ou le dégoût sont associés à une diminution de cette fréquence, la voix devenant donc plus grave. On a demandé à des sujets de lire un court texte, dont on peut penser que sa connotation émotionnelle était la plus neutre possible. Il s'agissait du mode d'emploi d'un magnétoscope, traduit du japonais. Deux environnements olfactifs ont été testés lors de cette lecture, soit une odeur agréable (lavande), soit une odeur désagréable (pyridine) diffusée dans la pièce. L'odeur était à une intensité suffisante pour être immédiatement perceptible dès l'entrée dans la pièce. De la même manière que mentionnée ci-dessus, on disait au sujet que l'odeur ambiante était due à l'utilisation de cette pièce expérimentale pour d'autres études. Les résultats ont montré qu'il existait une différence significative en fonction des deux ambiances olfactives, le timbre de voix étant plus aigu lorsque l'odeur était agréable que lorsqu'elle était désagréable. Un tel effet peut avoir son importance dans le cadre d'interactions sociales quotidiennes. Ainsi, les modulations du timbre de voix peuvent être associées à des interactions sociales plus ou moins négatives ou positives, ces modulations de la voix du locuteur étant perceptibles et identifiables par l'auditeur. Récemment nous avons réalisé une autre étude (Millot et coll., 2016) qui montre que des odeurs ambiantes ont encore d'autres effets, largement méconnus. En effet, elles peuvent modifier notre perception et estimation du temps qui s'écoule. Nous sommes naturellement capables, grâce à un compteur de temps interne, d'avoir une estimation du temps qui s'écoule. Cette estimation est approximative car ce compteur de temps est susceptible d'accélérer ou de ralentir en fonction de notre état, notamment attentionnel et émotionnel. L'étude portait sur des sons de durée très brève, de quelques centaines de millisecondes à quelques secondes. Après avoir fait entendre des sons d'une durée servant de référence, on faisait entendre aux sujets des sons de durées légèrement variables autour de cette durée de référence. Les sujets devaient alors classer ces sons comme étant soit plus brefs, soit plus longs que le son de référence. Les sujets étaient comparés à eux-mêmes car ils réalisaient les séries de tests deux fois : une première fois en portant sur le nez un masque sans odeur particulière et une deuxième fois en portant un masque imprégné d'acide décanoïque (odeur de bouc…, désagréable). On a ainsi pu constater que, en présence d'une odeur désagréable, les sujets sous-estimaient la durée du son entendu si le son de référence était d'une durée brève (quelques centaines de millisecondes), en revanche ils surestimaient la durée du son entendu si la durée du son de référence était longue (quelques secondes). Il s'agit donc d'un effet certain des odeurs ambiantes quant à nos possibilités d'évaluation du temps, mais avec des effets curieusement opposés selon la durée initiale de référence. Il est possible qu'il s'agisse d'effets différenciés des odeurs qui agiraient dans un cas sur les aspects émotionnels, et dans l'autre cas sur des aspects plutôt attentionnels. Des études en cours devraient permettre de conclure à ce sujet.

Dans les études ci-dessus, l'exposition à des odeurs ambiantes est d'une durée relativement brève. On peut se demander si une exposition chronique est également susceptible de modifier les états émotionnels. Susan Schiffman est une scientifique de l'Université de Caroline du Nord et auteur d'une abondante production scientifique sur les effets des odeurs chez l'homme. Elle a réalisé une étude ambitieuse à ce sujet sur une cohorte de femmes d'âge mûr (45-60 ans) (Schiffman et coll., 1995). L'étude durait 12 jours, pendant les deux premiers jours, aucune odeur n'était utilisée, ces deux premiers jours servant de référence. Pendant les 10 jours suivants, les femmes avaient à disposition pendant cinq jours un flacon de parfum, de notes florales ou fruitées ou orientales, et donc d'odeur jugée agréable, et pendant cinq autres jours, un flacon vaporisateur contenant seulement le produit solvant utilisé habituellement pour diluer les parfums. Les sujets étaient bien sûr naïfs quant au produit contenu dans le flacon, correspondant soit à la phase expérimentale soit à la phase placebo de l'étude. La présentation de l'étude qui était faite mentionnait l'effet de sprays sur l'humeur, sans autre précision et les femmes avaient loisir de se parfumer autant qu'elles le souhaitaient chaque jour. Une échelle d'évaluation de l'humeur devait être complétée deux fois par jour par les sujets permettant de rendre compte de plusieurs dimensions des affects ressentis : tension, dépression, hostilité, vigueur, fatigue, confusion. Globalement, les résultats ont montré, pendant la « phase parfum », des scores plus faibles pour les échelles évaluant la tension, la dépression, la confusion et donc au total une amélioration de l'humeur par certains aspects.

Les effets d'odeurs ambiantes ont aussi été recherchés dans des situations plus réalistes d'un point de vue quotidien ou professionnel. Wargocki et collaborateurs (1999) ont évalué les performances de sujets dans des tests classiques de psychologie ainsi que dans des tâches professionnelles habituelles de secrétariat en présence et en absence d'une pollution de l'air ambiant. La source de pollution était un morceau de vieux tapis usagé d'une vingtaine d'années. Les résultats ont montré notamment une diminution d'efficacité pour dactylographier un texte proposé quand la source de pollution était présente. Dans cette étude, la modification de l'air ambiant n'était pas seulement de nature odorante, toutefois elle était à l'origine d'une modification significative de l'intensité de l'odeur perçue par les sujets. De nombreux composés chimiques, connus pour leur odeur nauséabonde ou désagréable (acétone, acide acétique, acides organiques divers...) étaient présents dans l'air pollué. La présence d'odeurs putrides semble de manière générale affecter les performances à des tâches usuelles de bureau au moins si elles demandent un certain investissement cognitif. Par exemple, J. Rotton (1983) trouve des différences en fonction des odeurs ambiantes lorsqu'il s'agit de lire et corriger un texte (correction d'épreuves) mais pas quand il s'agit de faire des additions ou de comparer des nombres. Les mauvaises odeurs ont également des conséquences plus immédiates et qui peuvent être rencontrées de manière plus commune et fréquente. Dans une étude du même auteur (Rotton et coll., 1978) sur l'effet de la pollution sur l'inter-attraction sociale, on a constaté que les sujets passent moins de temps dans une pièce expérimentale odorisée à l'acide butyrique. On sait par ailleurs que des clients peuvent passer plus ou moins de temps dans des locaux commerciaux selon l'odeur présente. C'est ce qui résulte de l'étude de Knasko (1989) qui comparait le temps de présence de clients en fonction de deux odeurs (fruitée-florale d'une part et épicée d'autre part) dans un grand magasin de joaillerie, avec toutefois des différences selon le genre (homme ou femme) des individus. L'étude de Spangenberg et coll. (1996) met en évidence une autre conséquence intéressante des odeurs ambiantes sur ces aspects temporels : il s'agit du temps écoulé estimé de manière subjective par un client dans un magasin. Il s'avère que le temps passé dans le lieu de vente paraît plus court s'il y a une odeur ambiante que s'il n'y en a pas. Enfin le caractère plaisant-déplaisant de l'odeur peut également modifier l'utilisation faite d'un produit de consommation quelconque. Ainsi des produits ménagers de nettoyage d'odeur plaisante sont préférés à des produits d'odeur désagréable ou sans odeur. Toutefois dans une tâche effective de nettoyage, les sujets utilisent moins de produits lorsqu'il est odorisé, que l'odeur soit agréable ou désagréable, que lorsqu'il n'a pas d'odeurs.

Au terme de ces différentes études, il paraît pour le moins évident que des odeurs perçues ont des effets et des conséquences significatives sur les comportements à la suite de processus d'intégration par le système nerveux central. Les comportements concernés, qu'il s'agisse d'un temps de réaction à une stimulation, d'une attitude sociale ou encore de performances à des tâches complexes, sont tous susceptibles de participer à des modifications plus ou moins importantes des interactions entre l'individu et son environnement, immédiat, social, professionnel, quotidien. La prise en compte de ces modifications comportementales et une meilleure connaissance des mécanismes impliqués peuvent être utiles dans diverses circonstances. On peut évoquer à cet égard le développement actuel du « marketing olfactif », qui associe des odeurs à des marques par des logos olfactifs, ou encore tente de créer des ambiances dans des surfaces de vente par la diffusion d'odeurs (Barbet et coll., 1999). Dans ce domaine, une approche éthologique serait particulièrement valide pour dépasser une seule démarche empirique et préciser de manière rigoureuse les relations entre les types d'odeurs, leurs concentrations et les modifications comportementales induites en fonction du contexte global. Dans une tout autre perspective, il serait également utile d'évaluer toutes les conséquences sur les individus de nuisances olfactives qui peuvent être vécues quotidiennement du fait de pratiques professionnelles ou de situations de voisinage. Des mauvaises odeurs, présentes dans des atmosphères confinées, pourraient être à l'origine de certains symptômes du *Sick Building Syndrome*, défini par l'Organisation Mondiale de la Santé en 1982. Ce « syndrome du bâtiment malsain » qualifie un ensemble de symptômes affectant les usagers d'un lieu construit précis et est de plus en plus souvent identifié par la médecine du travail. Les conséquences de certaines pratiques agricoles ou industrielles mériteraient également de retenir l'attention. Ainsi Schiffman et coll. (1995) ont constaté que les personnes habitant au voisinage d'une porcherie souffraient davantage de perturbations de l'humeur et manifestaient davantage d'émotions de type négatif que des personnes d'une population rurale témoin. Au total, dans ces différentes situations, ainsi que dans d'autres, on peut penser que le rôle des odeurs a pu être sous-estimé du fait notamment de la pauvreté de l'analyse cognitive des stimulations olfactives qui résulte des caractéristiques neuroanatomiques évoquées en introduction.

- **Les troubles psychiatriques de l'humeur, les maladies neurodégénératives et la perception des odeurs**

Si les odeurs peuvent avoir un impact déterminant sur nos émotions, on peut se demander si à l'inverse, des troubles émotionnels liés à différentes pathologies d'ordre psychiatrique ou neurologique sont susceptibles de modifier des aspects de notre perception olfactive. Ces troubles de l'odorat sont encore mal connus et peu documentés. En effet, ils font rarement l'objet de plaintes des patients en neurologie ou en psychiatrie car parvenant difficilement au niveau conscient et aussi ils sont peu invalidants dans la vie quotidienne au premier abord. On estime que des troubles de l'odorat existent au moins pour 1% de la population des personnes âgées de moins de 65 ans et affectent en revanche plus de la moitié des personnes plus âgées. Ces chiffres sont certainement sous-estimés dans la mesure où les anomalies de l'odorat ne font jamais l'objet de dépistage systématique. La nosologie des troubles de l'odorat répertorie différentes pathologies. Les sujets peuvent être anosmiques, l'anosmie étant totale ou sélective. Si l'anosmie est totale, par exemple à la suite d'un traumatisme crânien ayant provoqué la rupture des filets des nerfs olfactifs au niveau de la lame criblée de l'ethmoïde, les patients garderont toutefois une sensibilité trigéminale. Autrement dit, ils pourront percevoir partiellement des odeurs mentholées, putrides... Les anosmies peuvent être également sélectives, seules quelques odeurs ne seront pas perçues, par exemple à la suite d'une anomalie affectant les gènes codant pour les neurorécepteurs spécialisés. Dans ce cas, il est fort possible que la personne ignore sa vie durant son déficit, tout au plus elle pourra par exemple estimer que le parfum des truffes dans les plats n'est pas à la hauteur de sa réputation. Les anosmies sélectives sont certainement assez fréquentes dans la population en général sans qu'on ait pour autant aucune estimation à ce sujet. Les autres troubles de l'odorat décrits sont l'hyposmie et son contraire l'hyperosmie (une faible ou une forte sensibilité aux odeurs), la dysosmie ou parosmie (distorsion des odeurs : on imagine une odeur à la place d'une autre), la phantosmie (on sent des odeurs absentes), ou encore l'agnosie olfactive (on sent des odeurs mais on est incapable de savoir ce dont il s'agit).

En ce qui concerne des maladies neurodégénératives, des troubles de l'olfaction ont été bien décrits dans le cas de la maladie d'Alzheimer (Zou et coll., 2016). Il s'agit avant tout d'une diminution significative de la sensibilité olfactive. Cette perte de l'odorat se déclare aux stades précoces de la maladie, alors même que les déficits cognitifs sont encore peu évidents. Le patient n'en a généralement pas conscience mais cette diminution de la sensibilité peut être mise en évidence par des tests olfactifs. En fait, l'épithélium olfactif, le bulbe olfactif et le cortex entorhinal sont parmi les premières zones cérébrales concernées par la dégénérescence neuronale caractérisant la maladie d'Alzheimer. Il s'agit donc d'un des premiers symptômes de cette maladie et seulement de cette maladie. Une étude (Conti et coll., 2013) a eu pour but d'évaluer la sensibilité olfactive de quelque 88 sujets âgés présentant des troubles de la mémoire (*Mild Cognitive Impairment*). Les sujets présentant une sensibilité olfactive déficiente ont par la suite (deux ans après) évolué davantage vers une maladie d'Alzheimer caractérisée que les autres. Ainsi, l'olfactométrie pourrait être une aide au diagnostic à des stades encore peu évolués de la maladie.

Des déficits de la sensibilité olfactive sont aussi un symptôme précoce de la maladie de Parkinson (Doty, 2012), ils peuvent précéder de plusieurs années les troubles moteurs caractéristiques de cette maladie. En fait, des dégénérescences neuronales sont observables au niveau périphérique (épithélium olfactif) et au niveau central (bulbe olfactif, cortex piriforme et entorhinal) et expliquent donc cette hyposmie. D'autres maladies neurodégénératives peuvent entraîner des troubles de l'olfaction dus à des anomalies neuronales au niveau périphérique ou central et donc se traduire soit par de simples déficits de sensibilité, soit par des troubles cognitifs olfactifs (difficulté de discrimination, de reconnaissance des odeurs) selon les zones affectées. Ainsi chez les patients atteints de sclérose en plaques, il s'avère que 20 à 45% d'entre eux sont atteints de troubles olfactifs, les chiffres différant quelque peu selon les études (Rolet et coll., 2013).

Une maladie rare, le syndrome de Kallmann affecte simultanément le développement des organes génitaux et des bulbes olfactifs. La prévalence de ce syndrome est de une sur dix mille naissances et affecte surtout les hommes. Il s'agit d'une anomalie du développement au cours de la vie intra-utérine qui provoquera simultanément un faible développement des glandes testiculaires (hypogonadisme testiculaire), souvent lié à une taille réduite du pénis, et une atrophie des bulbes olfactifs. Ce syndrome attire l'attention sur des origines neuro-embryonnaires qui sont en fait communes à ces deux fonctions, alors qu'elles semblent apparemment bien différentes.

Dans le cas des maladies psychiatriques, c'est la schizophrénie qui a sans aucun doute suscité le plus d'études. Les résultats de ces différentes études ne sont pas toujours cohérents et peuvent même être quelquefois contradictoires. En effet, des tests olfactométriques, des méthodes d'investigation différentes les unes des autres sont mises en œuvre. Les groupes de patients étudiés ne sont pas toujours homogènes : sexe, âge, tabagisme, critères de diagnostic, récence ou ancienneté de la maladie, comorbidités éventuelles… toutes ces variables peuvent avoir une importance. Qui plus est, dans le cas des maladies psychiatriques, se pose le problème des médications suivies par les patients qui peuvent avoir une incidence directe sur la perception olfactive en modifiant le fonctionnement des systèmes de neuromédiateurs intervenant dans cette sensorialité. Toutefois la plupart des études (Moberg et coll., 2014) mettent en évidence des déficits importants des capacités d'identification, de reconnaissance des odeurs chez au moins 50% des patients schizophrènes. Les hommes sont davantage concernés que les femmes, cette différence significative entre les deux sexes étant attribuée à un possible rôle neuroprotecteur des œstrogènes. Les capacités de détection et de discrimination d'odeurs seraient moins affectées. Ces anomalies de la perception sont d'autant plus sévères que la pathologie est ancienne ce qui semble indiquer une dégradation progressive au cours de la maladie. Vu les connaissances que l'on a de la physiopathologie cérébrale liée à cette maladie, ce serait essentiellement des dysfonctionnements au niveau des lobes cérébraux temporaux qui interviendraient dans les troubles de la reconnaissance des odeurs. Notons également que des études morphométriques en imagerie cérébrale ont révélé une diminution allant jusqu'à 20% du volume des bulbes olfactifs chez des patients schizophrènes comparés à des sujets de même sexe et d'âge équivalent. Parallèlement, on a pu mettre en évidence un faible renouvellement des neurorécepteurs au niveau de l'épithélium olfactif.

Une autre maladie a retenu l'attention car caractérisée en premier lieu par une grave perturbation des états et réactions émotionnelles. Il s'agit de la dépression majeure. Les symptômes comprennent entre autres une anhédonie marquée (perte de plaisir) à l'égard de diverses stimulations sensorielles connotées normalement comme agréables et donc on peut se demander ce qu'il en est à l'égard des odeurs vu leur fort impact émotionnel reconnu. Comme c'est le cas pour les études sur la schizophrénie, on constate quelques contradictions selon les méthodes suivies et cohortes de patients étudiés. Cependant, il s'avère que les patients font preuve d'une sensibilité olfactive très dégradée au cours d'un épisode dépressif majeur, et qui ne serait pas due à un quelconque effet des traitements psychotropes, même s'il n'est pas exclu que ceux-ci peuvent éventuellement aggraver ce déficit. Chez ces patients dépressifs, les études morphométriques d'imagerie cérébrale révèlent, comme dans le cas des patients schizophrènes, une forte diminution du volume des bulbes olfactifs. Certaines études montrent une corrélation entre le déficit de sensibilité olfactive et la sévérité du stade dépressif (Pause et coll., 2001). Il semblerait même que chez des sujets identifiés comme sains, non diagnostiqués comme dépressifs, la sensibilité olfactive soit d'autant plus déficitaire que leur humeur est morose (Pollatos et coll., 2007). Le seuil de détection n'est pas le seul aspect de la perception olfactive qui est modifié chez des patients dépressifs. Si on leur demande d'attribuer des notes de 0 à 10 pour un panel d'odeurs, la note de 0 correspondant à une odeur qu'ils trouvent désagréable et la note de 10 correspondant à l'inverse à une odeur qu'ils estiment agréable, on constate qu'ils ont tendance à surestimer les notes par rapport à des sujets témoins de même sexe et âge (Lombion-Pouthier et coll., 2006). Donc, de manière surprenante ces sujets qui font preuve habituellement d'une anhédonie, d'une perte de plaisir à l'égard de stimulations environnementales, sensorielles diverses, réagissent de manière opposée s'il s'agit d'une odeur. Ce résultat d'étude ne concerne que des odeurs neutres à agréables et nécessiterait des compléments d'investigation. Toutefois, il est possible d'expliquer ce paradoxe par la spécificité des voies cérébrales déjà évoquées propres à l'olfaction et les processus cérébraux caractérisant les états dépressifs. Les appréciations négatives faites par les patients dépressifs en réponse à des stimulations visuelles, auditives peuvent être attribuées à une analyse cognitive dysfonctionnelle au niveau néocortical, les stimulations étant intégrées au terme d'une voie nerveuse thalamo-corticale. A l'opposé, les stimulations olfactives sont intégrées par l'intermédiaire du système limbique et donc indemnes d'une sorte de contamination négative exercée par les zones du néocortex impliquées dans l'état de dépression majeure.

Des patients souffrant d'autres troubles psychiatriques, également caractérisés par l'anhédonie, peuvent présenter des caractéristiques opposées à celles mentionnées ci-dessus pour les patients dépressifs. C'est le cas de patients anorexiques. La même étude que ci-dessus a en effet concerné des jeunes filles hospitalisées pour des problèmes d'anorexie. Celles-ci ont une meilleure sensibilité olfactive que des sujets témoins et elles sous-estiment la valence hédonique (la balance déplaisir/plaisir) des odeurs. On a montré dans d'autres études que des patients anorexiques étaient caractérisés par une très bonne acuité sensorielle, qui concerne donc également la perception olfactive. Cela reste vrai à des stades peu avancés de la maladie, au-delà on observe une dégradation de la sensibilité olfactive. La sous-alimentation va entraîner des effets néfastes sur le renouvellement périodique des cellules neuro-réceptrices de l'épithélium olfactif conduisant à une sensibilité dégradée. Le résultat obtenu en ce qui concerne les appréciations hédoniques, inverse à celui des patients dépressifs, peut être imputé au fait qu'il ne s'agit pas des mêmes types de perturbations cérébrales, ni des mêmes zones cérébrales perturbées et donc l'anhédonie est ici généralisée.

Si l'état émotionnel, l'humeur, peuvent modifier la perception des odeurs et puisque les odeurs peuvent modifier les émotions, on peut se demander si un mauvais odorat peut conduire à une qualité de vie dépréciée. C'est envisageable. Un argument à l'appui de cette thèse est que la bulbectomie (destruction des bulbes olfactifs) est un des moyens expérimentaux utilisés pour créer des modèles d'état dépressif chez des rats de laboratoire. L'absence totale d'informations olfactives crée un état comportemental et neurophysiologique considéré comme présentant de sérieuses analogies avec l'état dépressif chez l'homme.

Chez la personne âgée, la diminution quelquefois très significative de l'odorat conduit à une baisse du plaisir alimentaire qui elle-même se traduit par une mauvaise alimentation, voire une sous-alimentation. Une perte d'odorat est un handicap pour la détection d'aliments avariés, de produits toxiques… Dans l'état actuel des connaissances, il est difficile de préciser les conséquences à long terme d'une perte importante de l'odorat dans la mesure où nous ne disposons essentiellement que de cas cliniques, par nature différents les uns des autres et liés à de multiples comorbidités.

Chapitre 3

L'importance des odeurs corporelles : interactions sociales et sexualité

• Chez l'animal : la découverte des phéromones

De tout temps, on a pu constater que certains animaux accordaient un intérêt et une importance particulière aux odeurs que dégageaient leurs congénères, souvent ceux du sexe opposé mais pas seulement. Chez les chiens par exemple, le marquage du territoire par mictions répétées est systématique. Ce comportement est en fait courant chez de nombreuses espèces de mammifères et il est qualifié d'*urine spraying* : quelques gouttes (un spray) suffisent à l'animal pour signaler son passage, son statut sexuel, aux autres membres de l'espèce. Charles Darwin dans son ouvrage *La Filiation de l'Homme et la Sélection liée au Sexe* (1871) intégrait la dimension olfactive dans sa théorie de l'évolution :

« Chez certaines espèces animales, les mâles adultes dégagent de fortes odeurs durant la période de reproduction (boucs, éléphants) : la raison en est que le succès de reproduction est augmenté pour les mâles dégageant de fortes odeurs et donc la sélection privilégiera la fonctionnalité des glandes odoriférantes spécialisées. »

Si Darwin avait conscience du rôle important susceptible d'être joué par l'olfaction dans la communication animale et, de là, dans les processus de sélection sexuelle qui sont à la base de la sélection naturelle, il minimisait fortement sa possible réalité chez l'espèce humaine. En fait, malgré tout influencé par le contexte victorien de l'époque, il mentionnait uniquement que les odeurs étaient susceptibles de jouer un rôle chez les individus de quelques peuplades sauvages mais pas chez un « civilisé ». Donc, à la suite de Darwin, il est paru inutile pendant très longtemps de s'intéresser à la communication olfactive chez l'homme pour les biologistes. Du côté de la psychanalyse naissante, le désintérêt a été identique, initié par Sigmund Freud. L'odorat est alors, dans des conditions normales de développement, confiné à jouer un rôle éventuel seulement dans la petite enfance. Un développement psycho-sexuel harmonieux est estimé comme nécessitant une répression de l'intérêt ou de l'attrait pour les odeurs corporelles, considérées au même titre que les odeurs d'urine ou d'excréments.

Quelques auteurs un peu atypiques au XIXe et début du XXe siècle font toutefois exception en rapportant diverses anecdotes qu'ils estiment significatives. On peut citer à ce sujet Richard Von Krafft-Ebing dans son ouvrage *Psychopathia Sexualis* (1886). Il s'agit d'un auteur peu connu du grand public alors même qu'il est le responsable de l'identification de troubles comme le sadisme et le masochisme. De manière générale, il souscrit à l'opinion contemporaine qui considère comme évident que les odeurs jouent un rôle important dans le comportement sexuel des animaux mais doute qu'il en soit de même chez l'homme, hormis les cas de déviance. Il rapporte toutefois des cas qui interpellent : par exemple celui d'un étudiant en médecine assis sur un banc dans un jardin public. Alors qu'il était concentré dans la lecture d'un ouvrage de pathologies médicales, ce jeune homme se met à ressentir une érection inappropriée à son contexte de lecture. C'est alors seulement qu'il remarque qu'une jeune femme avec un parfum capiteux vient de s'asseoir sur le banc placé derrière lui à proximité.

De fait, des études rigoureuses, contrôlées, reproductibles, ont tout d'abord été réalisées chez l'animal et ce n'est que beaucoup plus récemment que l'on a été amené à se poser des questions en ce qui concerne l'espèce humaine, notamment à la suite des découvertes faites chez l'animal. Les études sur l'animal elles-mêmes n'ont pas été sans poser de problèmes car il est très difficile pour un humain, fût-il scientifique, d'appréhender la complexité de l'univers odorant de la plupart des espèces animales. En effet, nos seuils de sensibilité olfactive sont souvent très en deçà des compétences sensorielles d'un animal. Pour cette raison, les études systématiques sur la communication olfactive chez l'animal sont rares dans l'histoire des sciences. On peut toutefois citer les travaux remarquables de Jean-Henri Fabre, entomologiste passionné et éminent au tournant des XIXème et XXème siècles. Il avait remarqué l'attraction exercée par des femelles d'un papillon nocturne, le grand paon de nuit (*Saturna pyri*) sur les mâles. Son expérience consista à placer des femelles de l'espèce sous des cloches de verre hermétiquement closes, ce qui lui a permis de constater que dans ce cas, les mâles n'éprouvaient plus aucun intérêt pour elles. En revanche, il suffisait de soulever la cloche pour que très rapidement de nombreux papillons mâles viennent à proximité de la femelle. La démonstration était faite d'une communication olfactive fondant l'attraction sexuelle chez cette espèce. Chez des animaux plus évolués, quelques travaux scientifiques, plus tardifs, ont commencé par modestement démontrer certaines évidences intuitives. Par exemple, des études ont pu montrer en 1949 (Beach et Gilmore) que des chiens mâles pouvaient savoir si une chienne était en chaleur (œstrus) sur la seule base de l'odeur de son urine. Ainsi, chez des mammifères, l'olfaction est un média essentiel de la communication, apportant des informations significatives sur l'état hormonal immédiat d'un partenaire sexuel potentiel et donc sur sa fécondité potentielle.

Au-delà des simples observations comportementales, le début d'une véritable approche scientifique et analytique de la communication par les odeurs correspond à la caractérisation chimique d'une molécule jouant ce rôle. Cette étape a été réalisée par Adolf Butenandt, étude publiée en 1959, qui le premier a donné la formule chimique d'une molécule, secrétée par la femelle du Bombyx du mûrier (*Bombyx mori* : autrement dit le papillon du ver à soie) et susceptible d'être perçue par les mâles (les récepteurs olfactifs sont chez cette espèce situés sur les antennes) à des doses infinitésimales. Cette molécule a reçu le nom de bombykol et a été considérée comme une hormone agissant au loin, d'où le terme de phéromone, par contraction de *pherein* (c.-à-d. transport en grec) et hormone. En fait, une seule molécule de bombykol est susceptible de déclencher une réponse électrophysiologique (un potentiel d'action) au niveau des neurorécepteurs olfactifs. Dans l'absolu, on peut en déduire que le mâle pourrait donc s'orienter, face au vent, et voler en direction de la source, en privilégiant la recherche d'une densité optimale de cette molécule. Dans la pratique, le Bombyx du mûrier est un bon modèle expérimental, mais de validité écologique restreinte. En effet, il s'agit d'une espèce domestique, obtenue par sélection dans l'ancienne Chine pour la production de la soie par ses larves et qui n'existe plus à l'état sauvage. Les ailes du mâle sont vestigiales et ne permettent plus le vol chez cette espèce, dont les représentants sont donc tous confinés dans la captivité des élevages. Toutefois, le principe des phéromones a été depuis établi et d'autres molécules ayant diverses actions sur les congénères ont été isolées chez plusieurs espèces d'insectes, d'invertébrés de manière plus générale, et aussi chez des animaux vertébrés dont des mammifères.

La définition des phéromones résultant de ces premiers travaux est relativement limitative: il s'agit d'une seule molécule émise dans l'environnement (gazeux ou liquide) par le métabolisme habituel ou inhabituel (exceptionnel) du corps. Son action a pour cible un membre de la même espèce (s'il s'agit d'un effet transpécifique, on parle d'allomones) et ne nécessite aucun apprentissage préalable. Enfin, les phéromones ont deux effets possibles : un effet déclencheur, elles vont déterminer une réponse comportementale de l'individu receveur ou un effet sensibilisateur, elles vont modifier un ou plusieurs processus physiologiques de l'individu receveur, généralement des sécrétions hormonales. Les modifications de concentration d'hormones induites chez le receveur peuvent elles-mêmes par la suite être la cause de comportements particuliers. Par exemple, une élévation de la concentration d'hormones sexuelles de type testostérone ou œstrogènes chez un animal pourra être à l'origine de parade sexuelle (*courtship*) de sa part. Une même molécule odorante peut éventuellement provoquer ces deux effets. Par exemple, chez la souris, l'odeur d'urine d'un mâle augmente la fréquence des comportements d'agression d'un autre mâle mais induit aussi un œstrus chez une femelle mature sexuellement et accélère la maturation sexuelle chez une femelle impubère. Ce dernier effet peut d'ailleurs être obtenu avec des quantités extrêmement faibles, en l'occurrence une concentration estimée à 10^{-7} ml d'urine de mâle, présente seulement un seul jour dans l'environnement de la femelle.

Les rôles des phéromones dans la biologie, l'écologie des espèces sont multiples. Il peut s'agir de signaux olfactifs permettant de signaler la présence, le passage de l'individu émetteur et donc de jouer une fonction dans des aspects territoriaux. Ces phéromones peuvent également intervenir dans les processus de reproduction, notamment en motivant une attraction de partenaires sexuels potentiels, comme dans le cas du bombykol décrit ci-dessus, ou même, plus précisément, en orientant le choix sur un partenaire sexuel précis. Enfin, elles peuvent également déterminer des comportements essentiels dans les relations entre des parents et leurs jeunes, concourant à la survie des jeunes et donc à la survie de l'espèce.

Si les choses semblent simples chez des animaux peu évolués comme les insectes, à savoir un signal olfactif détermine de manière automatique une réponse comportementale ou physiologique, tout se complique chez les animaux plus évolués et notamment les mammifères. En effet, les apprentissages sont susceptibles de modifier complètement les réponses à une stimulation sensorielle. Ils amènent notamment l'animal à prendre en compte le contexte, l'environnement propre à la situation et de ce fait la réaction comportementale pourra être modulée. De ce fait, le terme de phéromone est, sauf exception, impropre pour qualifier les odeurs corporelles ayant un rôle chez les mammifères et on peut lui préférer les simples termes d'odeur sociale. A partir des différentes études réalisées chez les mammifères, on peut faire une distinction entre deux catégories d'odeurs sociales selon les fonctions qu'elles assurent, le type d'informations qu'elles transmettent. D'une part, on a pu répertorier des odeurs dites d'« identification ». Elles peuvent renseigner le receveur sur le sexe d'appartenance de l'émetteur, son âge, son statut social, son état de santé, son groupe social, son identité personnelle. Par exemple dans un groupe de rats, les différents individus se reconnaissent les uns les autres sur la base d'informations olfactives. Ces odeurs d'identification ont comme caractéristiques d'être produites par le métabolisme habituel du corps et les molécules émises sont relativement stables, subissant seulement une lente dégradation au cours du temps. D'autre part, il existe des odeurs dites d'« émotion ». Elles peuvent renseigner le receveur sur l'état sexuel de l'émetteur (période d'œstrus s'il s'agit d'une femelle, période de rut s'il s'agit d'un mâle), sur l'état reproducteur (gestation, lactation), ou sur des états encore plus transitoires de stress, d'alarme, d'émotions… Dans ce cas, les odeurs sont produites par des processus métaboliques inhabituels du corps et les molécules impliquées sont relativement labiles, rapidement dégradées dans l'environnement. Ces distinctions faites à partir des études chez l'animal sont d'un certain intérêt car elles vont permettre de formuler des questions précises en ce qui concerne l'espèce humaine sur les rôles possibles des odeurs corporelles dans un contexte sexuel, familial ou social et donc d'imaginer des protocoles expérimentaux adéquats pour répondre aux questions posées.

- **L'odeur de l'homme et de la femme…**

Nous avons tous pu déjà être confrontés à de fortes odeurs dégagées par certains animaux. Mais en revanche, comment pouvons-nous considérer les propres odeurs que nous dégageons par rapport par exemple à celle d'un autre primate ? La réponse immédiate serait que notre propre odeur est très discrète sauf dans les cas limites d'une hygiène déplorable. C'est une thèse inverse qui est défendue par Michaël Stoddart dans son ouvrage *The scented Ape* (1990). Le « Singe qui sent », c'est nous, car en fait nous sommes biologiquement équipés de nombreuses glandes dont la seule fonction serait de dégager des odeurs particulières. Cette constatation avait déjà été formulée par un contemporain de Sigmund Freud, Havelock Ellis, Il est un fondateur de la sexologie avec son ouvrage volumineux *Studies on the Psychology of Sex* publié en 6 volumes entre 1897 et 1928. Ceux-ci comprennent plusieurs chapitres abondamment documentés par des anecdotes sur l'odorat. A ce titre, il tente de répertorier de manière exhaustive les zones corporelles sources d'odeurs chez l'homme. Il s'agit selon lui de l'odeur générale de la peau, de l'odeur des cheveux et du cuir chevelu, de l'odeur de l'haleine, de l'odeur des aisselles, de l'odeur des pieds, de l'odeur périnéale, de l'odeur du smegma prépucial (hommes) et enfin de l'odeur du mons veneris, du smegma vulvaire, du mucus vaginal, des menstrues (femmes).

En fait, dans les études actuelles, l'accent est essentiellement mis sur deux types de glandes particulières, présentes au niveau cutané en divers endroits du corps et dont on peut suspecter qu'elles ont comme rôle fonctionnel essentiel ou annexe de produire des odeurs. Il s'agit d'une part des glandes sébacées et d'autre part de certaines glandes sudoripares.

En ce qui concerne les glandes sébacées, elles sont présentes en grande densité dans certaines zones du corps seulement, principalement le cuir chevelu et le visage. Elles sont absentes au niveau des aisselles et du pubis. D'autres zones en sont également pourvues telles que les lèvres, les aréoles mammaires, le prépuce, la muqueuse génitale chez les femmes. Elles excrètent du sébum, un corps gras et épais jouant un rôle protecteur pour la peau, l'organisme. Ce sébum excrété dégage une odeur légèrement alliacée, d'autant plus forte qu'il va être une cible de la microflore bactérienne présente qui dégradera les composés d'origine en d'autres molécules. Sur la surface de la peau, le sébum forme une mince couche graisseuse, riche en esters, stérols et acides gras, ces derniers étant particulièrement odorants, voire nauséabonds. Durant l'enfance, ces glandes sébacées ont une activité sécrétoire modérée qui devient vraiment fonctionnelle à la puberté, sous l'influence des hormones androgènes semble-t-il, chez les deux sexes mais avec un développement plus important chez les hommes que chez les femmes. En fait l'activité excrétoire de ces glandes sera la plus importante entre 20 ans et 70 ans, car elle décline aussi avec l'âge chez les seniors.

En ce qui concerne les glandes sudoripares, il en existe plusieurs sortes, assumant des fonctions différentes. Les plus connues sont celles qui interviennent dans les processus de thermorégulation et qui sont les glandes sudoripares eccrines, réparties dans différentes zones du corps et sources de la sudation qui permet la diminution de la température interne du corps en augmentant les échanges thermiques entre l'organisme et l'air ambiant au niveau cutané. En dehors de ces glandes eccrines, d'autres glandes sudoripares, dites apocrines, sont d'une part dispersées de manière diffuse sur l'ensemble de la surface cutanée et, d'autre part, sont aussi concentrées dans quelques zones corporelles, notamment les aisselles et le pubis, mais aussi sur le visage (lèvres, paupières, pavillon de l'oreille), le scalp, les seins, le périnée. Ce type de glandes n'a été identifié que chez l'espèce humaine et quelques autres primates. Elles sont associées, pour certaines zones corporelles, à des follicules pileux avec généralement une glande par poil. Mais dans les zones axillaires, il s'agit de deux ou trois glandes qui sont associées à chaque poil. Ces glandes sécrètent un liquide visqueux et huileux, à raison d'environ 0,01 cm^3 par 24 heures. En fait l'odeur des aisselles est l'information olfactive prédominante dégagée habituellement par chaque individu et est donc sous la responsabilité de ces glandes apocrines. Leurs sécrétions sont modulées sous l'action des fibres adrénergiques de la branche sympathique du système neuro-végétatif. Ce système nerveux autonome participe à de nombreuses réactions émotionnelles ou motivationnelles. Autrement dit, l'activité sécrétoire de ces glandes apocrines peut être directement en correspondance avec nos réactions affectives. Elles ne sont fonctionnelles qu'à partir de la puberté, donc sous la dépendance d'hormones sexuelles, au moins à l'origine, chez les deux sexes, mais elles sont plus développées chez les hommes comparés aux femmes. En fait, la pilosité importante sous les aisselles chez l'homme ou la femme est une particularité nous différenciant des autres grands singes. Ainsi, une des caractéristiques de l'hominisation est, tout autant qu'un grand front intelligent, le fait d'avoir des poils sous les bras. Quels peuvent être leurs intérêts ? La réponse la plus probable est que la pilosité permet de mieux retenir et diffuser les odeurs dégagées par les glandes cutanées présentes en densité importante dans cette zone corporelle. Par ailleurs la localisation sous les aisselles de ces diffuseurs naturels de « parfum » corporel a d'autres avantages : une protection relative contre une évaporation trop immédiate, une température relativement élevée pour une surface corporelle : la température permettant d'augmenter l'agitation moléculaire et donc la diffusion des odeurs. La preuve expérimentale de l'intérêt des poils sous les aisselles quant à la diffusion d'odeurs a été apportée dans les années 1950, même si empiriquement la chose est connue au moins depuis l'antiquité. Après avoir proprement lavé les aisselles d'un certain nombre de sujets, on a rasé les poils pour la moitié d'entre eux : des testeurs ont reniflé ensuite périodiquement les aisselles et noté au bout de combien de temps une odeur était à nouveau décelable : il s'agit en moyenne d'un délai de seulement deux heures dans le cas de présence de poils et de trois jours dans le cas où les poils ont été rasés.

L'odeur des aisselles est souvent qualifiée de musquée. En fait, les secrétions des glandes sudoripares apocrines sont inodores mais elles constituent un milieu de prolifération de flore micro-bactérienne, plus ou moins importante selon les habitudes d'hygiène de l'individu. La dégradation des molécules présentes dans les sécrétions sudoripares par la microflore bactérienne augmente et altère l'odeur perçue. Cette analogie entre l'odeur des aisselles fraîchement lavées et l'odeur de musc n'est pas anodine. En effet, le musc, couramment utilisé comme composant dans la parfumerie, est à l'origine une substance produite par une glande spécialisée : la glande préputiale, située à la base du pénis chez le daim mâle de l'Himalaya et seulement à la période du rut. Son rôle dans les comportements liés à la reproduction est donc assez évident. On peut noter que le daim musqué est toutefois mieux pourvu que l'homme car cette glande atteint chez lui la taille d'une balle de golf… nos aisselles ne peuvent être ici compétitives.

Si les glandes sébacées et sudoripares sont présentes dans les deux sexes, il existe toutefois des différences dans la production d'odeurs : les hommes ont des glandes sébacées de taille plus importante et des glandes apocrines davantage fonctionnelles en termes de sécrétions sudoripares. De ce fait les hommes dégagent des odeurs corporelles plus fortes que les femmes. Il existe aussi des variations importantes d'une population humaine à l'autre à la surface du globe en ce qui concerne la densité et/ou la taille des glandes apocrines au niveau des zones axillaires et donc des odeurs corporelles plus ou moins fortes. Ces glandes sont en densité très élevée chez les Européens et les Africains par rapport aux Asiatiques et semblent même quasi absentes chez quelques-uns de ces derniers. Du point de vue des Asiatiques, les Européens sont réputés avoir une forte et désagréable odeur. Havelock Ellis, dans ses *Etudes de la Psychologie Sexuelle* écrites il y a à peu près un siècle, note que chez les Japonais, une forte odeur corporelle est à ce point rare que la « puanteur d'aisselle » est une cause d'incapacité à servir dans l'armée. Si ces différences anatomiques qui concernent les glandes apocrines sont de toute évidence d'ordre génétique, résultant de l'isolement et de l'endogamie liée de populations humaines, des différences d'odeurs corporelles peuvent également résulter de l'environnement. Plus particulièrement le régime alimentaire peut conditionner des odeurs particulières : des individus se nourrissant exclusivement de poisson auraient ainsi une odeur prononcée de triméthylamine (qui elle-même a une odeur de poisson…).

Donc, l'homme semble bien être doté d'un équipement biologique de base lui permettant d'avoir une odeur particulière. L'étape suivante d'investigation est de caractériser les molécules, présentes dans ces sécrétions corporelles, et qui pourraient donc être candidates comme vecteur olfactif possible d'informations. Les molécules présentes sont naturellement nombreuses mais quelques-unes d'entre elles ont particulièrement retenu l'attention des chercheurs. Il s'agit tout d'abord de l'androsténol (5-α-androst-16-en-3α-ol) et de l'androsténone (5-α-androst-16-en-3-one), toutes deux présentes dans les sueurs axillaires chez l'homme et ayant une odeur caractéristique. Ces molécules sont des stéroïdes, produits de dégradation des hormones androgènes sécrétées entre autres par les glandes endocrines surrénales, ce qui explique qu'elles sont présentes dans les deux sexes. Toutefois les sécrétions de ces deux molécules sont plus abondantes chez l'homme que chez la femme. Pourquoi un intérêt précisément à l'égard de ces molécules ? C'est que curieusement elles sont aussi présentes dans la salive du verrat qui a comme particularité de se mettre à baver abondamment s'il est mis en présence d'une truie en chaleur. Lorsque la truie sent les odeurs liées à ces molécules, elle manifeste alors en réponse un comportement de lordose, soit un creusement de la colonne vertébrale et une immobilité comportementale en cas d'un appui insistant sur le bas du dos. Il s'agit en l'occurrence d'un comportement sexuel typique chez les mammifères femelles quadrupèdes qui a pour fonction de faciliter, voire autoriser l'intromission du pénis par le mâle lors de l'accouplement. Que l'on retrouve les mêmes molécules odorantes dans la sueur axillaire chez l'homme et dans la salive du verrat et, dans ce dernier cas, avec un rôle bien établi dans le comportement sexuel n'a pu qu'interpeller sur une fonction analogue dans l'espèce humaine ! Par ailleurs, la disponibilité de l'androsténone en aérosol, commercialisée pour faciliter l'insémination artificielle dans les élevages porcins a facilité les expériences bien que rien ne permette *a priori* d'identifier la sexualité chez l'homme à celle du cochon en particulier.

Toutefois, dans les représentations mentales, on peut trouver plusieurs exemples de correspondance entre une forte odeur corporelle de l'homme et une odeur animale liées d'une façon ou d'une autre à la sexualité. Les aisselles chez l'homme peuvent dégager une forte odeur, notamment comme déjà dit plus haut dans le cas d'une hygiène défectueuse qui facilitera la prolifération de la microflore bactérienne. Dans ce cas, l'odeur émise par l'homme a de longue date été comparée à celle du bouc : Plaute, écrivain de pièces de théâtre dans la Rome antique vers 200 ans av. J.C., à propos d'un esclave qui sentait très mauvais, utilise l'expression « il porte un bouc sous les aisselles ». Ovide (dans *l'Art d'Aimer*, vers l'an 1 apr. J.-C.), pour sa part donne des conseils aux femmes pour séduire et les prévient « de ne pas loger un bouc sous leurs aisselles ». En fait, on trouve des traces d'acide caprylique et caproïde, caractéristiques de l'odeur de chèvre d'où leur nom, dans la sueur axillaire humaine. Le bouc, dans la mythologie, est un symbole d'une sexualité bestiale et débridée, alors que son comportement ne présente rien de particulier du point de vue éthologique malgré son odeur typique.

Curieusement, une bonne partie de la population adulte est anosmique à l'androsténone, il semblerait que près de 40% des individus soient inaptes à sentir cette odeur et cette anosmie sélective concernerait davantage les hommes que les femmes. Toutefois, cette anosmie est réversible à la suite d'expositions fréquentes à cette odeur (Wysocki et Beauchamp, 1984). Pour les individus qui sont aptes à sentir cette odeur, les descripteurs verbaux pour la qualifier sont très variables : souvent décrite comme musquée, mais aussi comme florale, épicée, boisée… ou encore assimilée à l'odeur d'urine. On a pu mettre en évidence que ces variations d'impression subjective d'intensité et d'agréabilité à propos de l'odeur d'androsténone étaient, au moins en partie, sous dépendance génétique par l'intermédiaire d'un codage particulier de neurorécepteurs olfactifs. Une curiosité supplémentaire : si l'on enregistre l'activité électrodermale d'individus réputés anosmiques à l'androsténone lorsqu'on leur fait sentir cette molécule, on constate des variations significatives de cette activité pour certains d'entre eux. Clairement, ces sujets sentent cette odeur, mais de manière inconsciente, sans qu'ils puissent donc le verbaliser en toute bonne foi. Il s'agit sans doute ici d'une conséquence des projections cérébrales caractéristiques de l'information olfactive qui concernent le système limbique et ses automatismes émotionnels, indépendamment du néocortex participant aux phénomènes conscients.

Plusieurs molécules présentes dans la sueur axillaire humaine ont été ainsi testées au cours des dernières décennies. Dès les années 1970 et jusque vers 1990, les travaux se sont intéressés à l'androsténol et l'androsténone mentionnées ci-dessus. Par la suite, l'attention s'est portée sur deux autres molécules : l'androstadiénone (4,16-androstadiénone-3 one) et l'estratetraenol (1,3,5(10)16-estratetraen-3-ol) car décrites comme des phéromones putatives humaines (Monti-Bloch et Grosser, 1991).

L'androstadiénone est présente elle aussi dans la sueur axillaire à un taux à peu près 20 fois supérieur chez les hommes que chez les femmes. Il s'agit également d'un produit dérivé des hormones sexuelles androgènes. Il s'avère que les femmes détectent l'odeur de cette molécule à des concentrations plus faibles que les hommes (Koelega et Koster, 1974). Cette sensibilité est encore accentuée pendant la période de l'ovulation chez les femmes, sauf si elles utilisent des contraceptifs hormonaux. Cette variation au cours du cycle ovulatoire n'est pas identifiable à l'égard d'odeurs sans signification biologique comme l'alcool phényl-éthylique (évoque l'odeur de rose). Cette différence de sensibilité entre les sexes est initiée à la puberté et est donc de toute évidence sous dépendance des hormones sexuelles féminines. L'estratetraenol est présente dans la sueur des femmes mais aussi dans leurs urines. Elle n'est pas synthétisée par les hommes. Il s'agit d'un produit dérivé de l'androstadiénone par un métabolisme biochimique opérant au niveau des ovaires.

C'est dans une publication scientifique en 2000 que Suma Jacob et Martha McClintock décrivent l'androstadiénone et l'estratetraenol comme susceptibles d'améliorer (au terme de six minutes d'exposition) l'humeur des femmes avec un effet inverse sur les hommes. Leurs résultats, mettant donc en exergue un effet psychologique des odeurs différent selon le genre d'appartenance du receveur, ont notablement contribué à attirer l'attention des scientifiques sur ces deux composés chimiques.

En dehors des molécules présentes dans la sueur axillaire, d'autres substances sécrétées par d'autres zones corporelles ont suscité de l'intérêt, bien qu'à l'origine d'un nombre significativement moindre d'expérimentations chez l'homme, sans doute pour de simples raisons de pudicité… Ainsi, les sécrétions vaginales sont source d'odeurs. Elles semblent particulièrement intéressantes, voire attractives pour les mâles chez nombre d'espèces de mammifères : il s'agit d'un lieu commun aisément observable lors des rencontres et préliminaires. Chez les singes, donc des espèces proches de l'homme sur le plan de l'évolution, ces sécrétions, constituées entre autres par un cocktail d'acides gras (dont une proportion importante d'acide acétique, c'est-à-dire du vinaigre…), ont reçu le nom évocateur de copulines eu égard à leurs effets sur les mâles. Des études montrant l'effet attractif de ces copulines pour les mâles chez des singes Macaques rhésus et détaillant leurs compositions chimiques ont été publiées au début des années 1970 par Michaël et Keverne. On a par ailleurs pu constater que la composition des sécrétions vaginales varie naturellement au cours du cycle menstruel chez les femmes n'utilisant pas de contraception orale. Les odeurs de ces sécrétions peuvent donc constituer en quelque sorte un « affichage public » par la femelle de son stade ovulatoire.

- **Les méthodes expérimentales mises en œuvre**

Pour étudier le rôle des odeurs corporelles chez l'homme, les chercheurs font preuve d'une inventivité remarquable. En ce qui concerne le recueil des odeurs corporelles, la plupart des études s'intéressent à l'odeur axillaire et donc vont utiliser le port de tampons de gaze sous les aisselles ou le port de T-shirts à même la peau pendant des durées définies (1h, 24h, 48h, 2 nuits consécutives…selon les études) ou encore pendant l'exécution de tâches particulières (exercice physique), le ressenti de situations particulières (émotions). Ces protocoles de recueil des odeurs corporelles sont très standardisés pour chacune des études, permettant ainsi de comparer les sujets les uns aux autres en faisant abstraction d'un certain nombre de variables individuelles. Par exemple, on minimise au possible l'interférence avec d'autres odeurs : utilisation dans les jours qui précèdent de shampoings et savons sans odeur, astreinte à un régime alimentaire sans oignon, ail, curry, absence de parfums. Les odeurs sont ensuite testées par des sujets « cobayes » qui doivent bien sûr être naïfs par rapport aux résultats attendus. Comme il existe la plupart du temps un délai plus ou moins long entre le recueil des odeurs et les situations de tests, on peut congeler les tampons de gaze à des températures de -80° C en attendant leur utilisation. Bien sûr ces tampons de gaze sont manipulés avec des gants sans odeur et mis dans des contenants sans odeur. Enfin, les situations expérimentales mises en œuvre pour mettre en évidence les fonctions des odeurs font appel aux mêmes outils d'observation et/ou d'investigation que ceux décrits au début du chapitre précédent, sachant toutefois que s'agissant des odeurs corporelles, les *a priori* des sujets testés sont encore plus présents. Par ailleurs, ces odeurs peuvent concerner l'intimité même des sujets et personne ne dévoile facilement son intimité…

- **Les odeurs d'identité individuelle**

La reconnaissance de soi : reconnaître sa propre odeur

Est-ce que l'on est capable de reconnaître sa propre odeur ? Il semble que ce ne soit pas le plus facile. Toutefois, en adoptant une méthodologie rigoureuse, on constate que les femmes à une courte majorité (59%) identifient correctement leur propre odeur parmi quatre proposées alors que les hommes échouent lamentablement : 94% d'échecs (Hold et Schleidt, 1977). L'odeur est ici d'origine axillaire, imprégnant un tampon de gaze porté pendant 30 minutes avant le test. Par ailleurs, l'évaluation de sa propre odeur comme plaisante est plus faible chez les femmes que chez les hommes qui s'avèrent donc ici comme davantage narcissiques (Platek et coll., 2001). La supériorité incontestable des femmes dans cette étude est peut-être à mettre au crédit de compétences olfactives plus développées chez les femmes, à l'égard des odeurs en général et donc ici des odeurs corporelles en particulier. Cette même supériorité des femmes quant à la reconnaissance de leur propre odeur a été confirmée ultérieurement par d'autres études chez une population d'étudiants, bien que les pourcentages relevés soient un peu différents. A quel âge l'aptitude à reconnaître sa propre odeur commence-t-elle ? Aucune donnée à ce jour ne permet de répondre à cette question alors que le « stade du miroir » est abondamment documenté en tant qu'étape clé du développement de l'enfant.

La reconnaissance des autres : identifier des individus d'après leur odeur

Ce thème a suscité davantage d'études que le précédent. En effet, il s'inscrit dans un développement pertinent de la théorie de l'évolution qui est la *kin recognition*, préalable à la *kin selection*, c'est-à-dire la reconnaissance et la sélection de la parentèle. La théorie de l'évolution postule une compétition permanente et dynamique entre les individus autorisant ou non à terme la transmission par certains de ces individus de leurs caractéristiques anatomiques, physiologiques, comportementales à la génération suivante. De fait les caractéristiques les mieux adaptées aux conditions environnementales se diffuseront majoritairement dans les générations successives. Ces caractéristiques anatomiques, physiologiques, comportementales reposent en partie sur des informations génétiques qui interagiront avec l'environnement au cours du développement et de la maturité de l'individu. Donc le patrimoine génétique individuel est d'une extrême importance et sa transmission transgénérationnelle constitue en quelque sorte l'enjeu central de l'évolution. De ce fait le comportement d'un individu inclut naturellement une propension à la sauvegarde et à la dissémination de ses gènes donc de comportements manifestés pour sa propre survie, pour sa reproduction, pour la protection de sa descendance. De manière connexe, l'individu pourra également manifester des comportements altruistes à l'égard d'individus qui lui sont apparentés génétiquement car ce faisant il favorisera toujours la pérennité d'une partie de son patrimoine génétique. Logiquement, les comportements altruistes seront d'autant plus manifestes que l'individu bénéficiaire sera un parent proche et donc partagera une proportion importante du patrimoine génétique. On peut rappeler que la concordance génétique entre père ou mère et fils ou fille est de 50%, elle est en moyenne aussi de 50% entre frères et sœurs, de 25% entre grands-parents et petits enfants. Pour favoriser un individu apparenté, il est nécessaire de pouvoir l'identifier comme tel d'où l'importance de la reconnaissance de la parentèle comme aptitude comportementale fondamentale chez de nombreuses espèces animales. Effectivement, des études ont montré que pour certaines espèces animales, la modalité olfactive contribuait à la reconnaissance des individus apparentés.

Qu'en est-il pour l'espèce humaine ? L'olfaction, par un certain atavisme peut-elle nous aider à distinguer des individus entre eux ? Les travaux pionniers à ce sujet sont ceux de Patricia Wallace (1977) qui a montré que nous sommes aptes à distinguer des individus entre eux sur la seule base de leur odeur corporelle, en l'occurrence l'odeur des mains. Dans cette étude, par exemple, une des conditions expérimentales consistait à différencier l'odeur des mains de vrais jumeaux (100% de concordance génétique) ayant suivi ou non un régime alimentaire différent lors des trois journées précédant le test. Les résultats ont mis en évidence des résultats corrects de différenciation des individus s'ils avaient suivi un régime alimentaire différent. En fait, un des régimes était riche en oignon et ail. Au total, l'odeur est bien une signature individuelle qui correspond à des caractéristiques génétiques conjointes à l'influence de conditions environnementales. Nous sommes aussi capables de distinguer des individus apparentés et non apparentés sur la base de l'odeur de leurs T-shirts (Weisfeld et coll., 2003). Cette dernière étude s'est également intéressée aux préférences/aversions exprimées par chacun des membres de familles (père, mère, garçon, fille) à propos des odeurs corporelles de chacun des autres membres de la même famille. Les auteurs constatent une « aversion » olfactive dans les appréciations père-fille et frère-sœur. Les enfants dans cette étude sont âgés de huit à neuf ans en moyenne. Cet état de fait est à rapprocher des observations ultérieures de Wedekind et collaborateurs (1995, voir ci-dessous) qui ont montré un attrait sexuel fondé sur les odeurs d'autant plus prononcé que la discordance génétique entre l'émetteur et le receveur est importante. Dans cette perspective, les études de Weisfeld peuvent être interprétées comme illustrant une contribution olfactive à des processus biologiques tendant à l'évitement de l'inceste et à ses conséquences néfastes sur la consanguinité.

- La reconnaissance de la mère par le nouveau-né

Les études en ce domaine sont également étroitement inspirées des travaux en éthologie. La mise au monde de jeunes est un instant crucial dans le renouvellement des générations et donc dans les processus de sélection naturelle au vu de la théorie de l'évolution. Les risques de mortalité sont les plus importants lors de cette étape pendant laquelle le jeune animal est d'une fragilité extrême. On peut penser que la sélection naturelle a œuvré au cours du temps pour sécuriser le plus possible cette période en ce qui concerne la survie du jeune. Si on s'intéresse aux seuls mammifères, un comportement vital qui se doit d'être fonctionnel dès le départ est le comportement d'allaitement. Sans alimentation, le jeune dépérirait rapidement et ses chances de survie diminueraient donc d'heure en heure après la naissance. Autrement dit, toutes les compétences biologiques et comportementales se doivent de préexister chez le jeune, de manière innée, pour permettre un allaitement le plus efficace possible et le plus tôt possible. A titre d'exemple, il existe chez le nouveau-né humain des réflexes dits archaïques qui préexistent à la naissance à terme car on peut les observer déjà chez le nouveau-né prématuré : il s'agit du réflexe de succion et du réflexe de rotation de la tête en réponse à une stimulation sur le côté des lèvres. En conséquence si un objet quelconque, dans l'idéal le bout du sein maternel, vient à toucher les lèvres du nouveau-né, celui-ci orientera sa tête en direction du contact ressenti, saisira ledit objet et le tétera. Les premiers travaux qui se sont intéressés aux compétences olfactives du nouveau-né humain à l'égard des odeurs maternelles sont ceux de Macfarlane en 1975 et de Russell en 1976. L'étude de Mcfarlane a concerné des nouveau-nés âgés de six jours. Il a utilisé des tampons de gaze portés au préalable sur les seins par leurs mères allaitantes et disposés de part et d'autre de leur visage à proximité de leur nez de manière telle que le nouveau-né était confronté dans son berceau simultanément à l'odeur du sein de sa propre mère et celle d'une mère inconnue. Dans cette situation, les nouveau-nés font preuve de réelles compétences discriminatives car ils orientent préférentiellement leur nez vers le tampon de gaze porté par la mère. L'étude de Russel adoptait sensiblement la même situation expérimentale d'observation et montrait que des nourrissons, âgés de six semaines, manifestaient davantage de comportements de succion lorsqu'ils étaient confrontés à l'odeur de leur propre mère. Dans cette étude, on ne peut pas savoir si l'odeur significative est celle du lait maternel ou celle dégagée par les glandes sébacées présentes en grand nombre sur l'aréole mammaire ou encore une combinaison des deux. En revanche, une étude ultérieure dans les années 1980 (Schaal et coll.) a testé les odeurs recueillies sur des tampons de gaze portés sur les seins mais aussi au niveau du cou par des mères. Les nouveau-nés, âgés de quelques jours, sont placés couchés sur le dos dans un berceau avec de part et d'autre de leur tête une paire de tampons de gaze dont l'un a été porté par leur mère et l'autre par une mère qui leur est inconnue. On constate que les nouveau-nés vont davantage orienter leur nez vers le tampon de gaze porté par la mère, qu'il ait été porté au niveau du sein ou au niveau du cou. Par ailleurs, ils manifesteront moins de pleurs ou d'agitations au contact de cette odeur qui induit donc une diminution de leur niveau d'éveil. On peut en déduire de ces différentes études que les nouveau-nés reconnaissent l'odeur de leur mère et qu'ils la préfèrent à celle d'une mère inconnue. Cette identification semble indépendante du fait que le nouveau-né soit nourri au sein ou au biberon dans la mesure ou l'odeur recueillie au niveau du cou de la mère est également reconnue. Des études ultérieures ont testé pour des nouveau-nés de deux semaines l'odeur des aisselles de la mère et montré également des capacités discriminatives sur la base des odeurs émanant de cette zone corporelle (Cernoch et Porter, 1985). En revanche, aucun résultat significatif n'a pu être obtenu avec les aisselles du père ce qui permet de penser que l'apprentissage olfactif lors des contacts directs peau à peau joue un rôle important dans ces capacités discriminatives précoces. Si l'odeur des sécrétions lactées peut avoir de fortes qualités attractives, l'odeur du sein maternel possède aussi des propriétés attractives qui lui sont propres, en association ou indépendamment des sécrétions lactées (Doucet et coll., 2009). En effet, l'aréole mammaire est abondamment pourvue de glandes caractéristiques, appelées glandes de Montgomery, productrices de sébum. Les nouveau-nés de quelques jours exposés à l'odeur des produits sécrétoires de ces glandes montreront une activité orale plus importante et des modifications de leur rythme respiratoire. Ces réactions s'observent chez des enfants nourris au sein ou au biberon. Autrement dit, on constate une réaction innée, indépendante de tout processus d'habituation ou apprentissage à ces sécrétions des glandes de Montgomery situées sur les seules aréoles mammaires. On est donc ici en ce qui concerne l'espèce humaine au plus près des caractéristiques définissant les phéromones connues chez l'animal.

En fait, les compétences olfactives à l'égard des odeurs débutent même avant la naissance. Pendant la fin de la période intra-utérine, vers le 8e, 9e mois de grossesse, le fœtus baigne dans le liquide amniotique. Ce liquide amniotique est en contact direct avec les neurorécepteurs des cavités nasales et donc le nouveau-né peut « sentir » des odeurs dans son environnement liquide. La composition du liquide amniotique varie en fonction de l'alimentation maternelle et en conséquence, le fœtus est exposé pendant plusieurs semaines en fin de grossesse à une diversité de stimulations olfactives et à une signature chimique individualisant son environnement. A titre d'illustration, des médecins anglais en poste aux Indes du temps de l'empire de la reine Victoria avaient rapporté que le liquide amniotique des femmes indiennes qu'ils assistaient lors de l'accouchement dégageait une forte odeur de curry ! Après l'accouchement, le nouveau-né montre une mémoire de cette odeur de liquide amniotique qui possède un fort pouvoir attractif et pacifiant. Dans les premières semaines post-natales, le nouveau-né séparé de sa mère manifestera moins de cris et de pleurs s'il peut sentir le liquide amniotique recueilli lors de la rupture de la poche des eaux. L'effet obtenu avec cette odeur est largement supérieur à celui obtenu avec l'odeur du sein maternel. Son attractivité excessivement précoce est démontrée par une étude de Varendi et collaborateurs (1998). Cette étude s'intéresse aux premières heures du nouveau-né. Après l'accouchement et les premiers soins d'usage, le nouveau-né est placé sur le ventre de sa mère, ses yeux à hauteur des seins et le nez situé dans la ligne médiane du torse maternel. Un des seins est tamponné avec de la gaze imprégnée de liquide amniotique recueilli au cours de l'accouchement et l'autre sein, sans traitement particulier, constitue le « témoin » de l'étude. La mère a pour consigne de ne pas intervenir dans le comportement spontané de l'enfant. Sur trente nouveau-nés ainsi testés, vingt-trois vont diriger leur tête vers le sein imprégné de liquide amniotique en vue de téter. Des compétences perceptives spécifiques au début de la vie post-natale sont également soulignées par une des rares études utilisant l'imagerie cérébrale (Bartocci et coll., 2000). La méthode utilisée ici est une spectroscopie absolument non invasive et non contraignante. On s'intéresse ici à l'odeur du colostrum, produit par les glandes mammaires pendant les 24 à 48 heures suivant l'accouchement, avant les réelles sécrétions lactées. On constate que l'activation du cortex orbito-frontal diminue avec l'âge du nouveau-né au cours de la première semaine après la naissance en réponse à cette odeur de colostrum. Comme il a été vu au chapitre 1, le cortex orbito-frontal est une zone cérébrale essentielle dans l'analyse et l'intégration des stimulations olfactives. Le cerveau du nouveau-né est donc spécialement adapté, ou adaptable, à son environnement odorant immédiat.

- La reconnaissance du nouveau-né par la mère

Si les nouveau-nés sont donc aptes à différencier et reconnaître l'odeur de leur mère dans les premiers jours après la naissance et modifient leurs comportements en conséquence, il en va de même en ce qui concerne la mère, capable d'identifier son propre nouveau-né sur la seule base d'informations olfactives dès les premiers jours après la naissance (Porter et coll., 1983). Cette aptitude à une identification correcte de l'odeur de l'enfant peut émerger même après une très brève mise en contact, de l'ordre de 10 minutes, des deux partenaires (Kaitz et coll., 1987). Elle se généralise pour la majorité des mères au cours des premiers jours qui suivent la naissance (Schaal, 1986). Une constatation importante a été toutefois faite en ce qui concerne les seules mères : si celles-ci ont eu un contact corporel immédiat avec leur nouveau-né après la naissance, elles auront davantage tendance à juger leur odeur comme agréable, ce n'est pas le cas des mères qui auront eu un contact différé et qui, à l'opposé, auront plus tendance à estimer que l'odeur est désagréable. Il est possible que dans ce cas des hormones telles que le cortisol modulent la perception olfactive des mères lors de l'accouchement.

Au total, on constate que la modalité olfactive est une composante active parmi les autres modalités sensorielles (audition, sensibilité tactile…) dans les processus d'identification, de reconnaissance de la mère par le nouveau-né et du nouveau-né par la mère. Ainsi, l'odorat participe à la construction des liens d'attachement qui se créent entre la mère et son enfant au cours de leurs interactions précoces et qui peuvent jouer un rôle déterminant dans la suite du développement comportemental et psychologique de l'enfant. La mise en évidence de l'importante sensibilité, tant de la mère que du nouveau-né, aux odeurs corporelles du partenaire conduit à suggérer de ne pas « aseptiser » complètement ces interactions précoces pour laisser libre cours aux possibilités biologiques naturelles de communication propre à cette période.

- La reconnaissance de personnes familières

Les possibilités de distinction entre des personnes connues ou inconnues sur la base de leurs odeurs corporelles ont fait l'objet de quelques investigations qui ont donné certains résultats. A partir de la petite enfance et durant l'âge adulte, nos possibilités de reconnaissance des individus qui composent notre entourage familial et social se fondent de toute évidence sur des indices visuels (nous reconnaissons un visage) et auditifs (nous reconnaissons une voix). En dehors de cette évidence, la perception olfactive est également présente dans ces processus de reconnaissance, au moins dans certains cas. Par exemple, des enfants âgés de trois à huit ans reconnaissent l'odeur (T-shirts) de leur frère ou sœur (Porter et Moore, 1981). A l'âge de neuf ans, ils sont capables d'identifier leurs meilleurs amis de classe parmi les autres membres de la classe. Si ces études sont démonstratives, elles sont toutefois trop parcellaires en ce qui concerne les classes d'âge étudiées pour se faire une idée générale de ces compétences perceptives au cours du développement de l'enfant.

A l'âge adulte, ces compétences demeurent : des étudiants reconnaissent l'odeur de leurs amis parmi celles d'individus inconnus de même sexe et âge. Cette aptitude a pu être un peu précisée en ce qui concerne les processus cérébraux impliqués. Ainsi, notre cerveau fait la distinction entre les odeurs corporelles d'une personne amie (connue depuis au moins cinq ans) et celles d'une personne inconnue (Lundström et coll., 2007). L'imagerie cérébrale (en l'occurrence il s'agit d'une Tomographie par Emissions de Positons) montre que dans le premier cas les zones cérébrales activées sont celles habituellement concernées par des stimulations sociales familières, il s'agit notamment d'une zone du cortex occipital spécialisée dans la perception visuelle du corps humain (les corps extrastriés) alors que dans la deuxième situation il s'agit des amygdales et du cortex insulaire. Ces deux dernières structures sont par ailleurs bien identifiées comme réactives par rapport à des signaux sensoriels suscitant la peur… Autrement dit, les odeurs corporelles d'une personne inconnue mobiliseraient en premier lieu et comme première réaction des réseaux neuronaux impliqués dans la méfiance, la défiance…

Enfin, et on pouvait s'en douter vu ce qui vient d'être mentionné, on reconnaît l'odeur de son conjoint. Il s'agit d'une étude ancienne, basée sur l'odeur de T-shirts portés pendant une seule nuit (Schleidt, 1980). Seuls des couples hétérosexuels étaient étudiés à l'époque mais on obtiendrait sans doute le même résultat avec des couples homosexuels, en pouvant sans doute prédire de meilleurs résultats pour des couples de femmes que d'hommes.

- **Les odeurs d'identité sexuelle**

Il s'agit d'une des premières questions qui se sont posées lorsqu'on a commencé à s'interroger sur les potentialités des odeurs corporelles à apporter des informations individualisantes chez l'espèce humaine et donc de participer à la communication et aux interactions sociales. L'intérêt spécifique porté par des mâles à des odeurs de femelles chez divers animaux a naturellement suscité des interrogations quant à d'éventuelles capacités qui seraient présentes, au moins à l'état relictuel chez l'espèce humaine. Chez nombre d'espèces animales, la reconnaissance des sexes d'appartenance peut se faire sur la seule base d'une information olfactive et on a vu précédemment que dans l'espèce humaine, les odeurs corporelles présentent des différences, de nature quantitative et qualitative, entre homme et femme. La première étude chez l'être humain est à mettre au crédit de Michael J. Russell et a été publiée en 1976 dans la prestigieuse revue scientifique *Nature*. Les « donneurs » ont porté des T-shirts pendant 24 heures. Les « testeurs » avaient à sentir deux T-shirts et devaient l'assigner à une des deux catégories, homme ou femme. Au total, 22 sur les 29 testeurs ont donné une réponse correcte, ce qui était donc significativement différent d'une équi-répartition faite selon le simple hasard. Par la suite, les études se sont multipliées très rapidement en montrant notamment que le sexe d'appartenance pouvait être aussi estimé à partir de l'odeur de l'haleine. Les études sur l'haleine n'ont guère eu de suites malgré leur originalité. L'odeur d'haleine est susceptible de varier d'un individu à l'autre notamment en fonction de la flore bactérienne qui se développe dans la cavité buccale. Les donneurs devaient s'abstenir des soins d'hygiène dentaire habituels lors de l'étude et les « juges », hommes et femmes, devaient deviner le sexe du donneur, le souffle respiratoire étant perçu à travers un orifice dans une paroi en contreplaqué. La grande majorité des sujets ont correctement attribué le genre d'origine au donneur, les femmes ayant toutefois de meilleures performances que les hommes dans ce type de test. Dans une autre de ces premières études, on a demandé aux sujets testés de qualifier l'odeur corporelle sentie « en aveugle » sur des T-shirts portés pendant toutes les nuits consécutives d'une semaine entière par des hommes ou des femmes. Les sujets des deux sexes décrivaient en général les odeurs d'hommes comme déplaisantes et les odeurs de femmes comme plaisantes. Toutefois si l'on disait aux hommes qu'il s'agissait de leur propre T-shirt, ils considéraient dès lors cette odeur corporelle comme agréable. On voit ici que l'expression de l'appréciation hédonique d'une odeur, c'est-à-dire sa connotation agréable ou désagréable, si elle semble apparemment sincère, est toutefois fortement contextualisée. Autrement dit une odeur sera jugée comme plaisante ou déplaisante en fonction des circonstances ou des représentations mentales qu'en aura l'individu.

Dans le cadre de ce questionnement, odeur d'homme ou odeur de femme, les études d'imagerie cérébrale sont venues, là encore, tenter de préciser ce qui pouvait se passer dans la tête. Les travaux réalisés à Stockholm par Ivanka Savic (Savic et coll., 2001) montrent que l'odeur d'androstadiénone, présent comme on l'a vu dans la sueur axillaire à une concentration 20 fois supérieure chez l'homme que chez la femme, active certaines zones de l'hypothalamus des femmes. En revanche, l'odeur de l'oestratetraenol, un dérivé des œstrogènes, active des zones différentes de l'hypothalamus chez l'homme. Donc, l'une et l'autre de ces deux odeurs vont bien activer des réseaux neuronaux distincts selon le sexe d'appartenance. Il pourrait s'agir ici d'une sexualisation du cerveau comme on en a déjà répertorié d'autres par ailleurs.

- **Les odeurs selon l'âge des individus**

On peut à nouveau ici faire un bref retour en arrière dans l'histoire des sciences pour documenter le premier témoignage d'une différence d'odeurs selon l'âge des individus. Il s'agit des propos de Théophraste d'Erésos déjà cités au chapitre 1 et qui mentionnaient une mauvaise odeur de transpiration chez les adolescents. A l'appui de ses dires, on peut trouver quelques assertions plus récentes. Ainsi, Heinrich Kaan, médecin russe, auteur de *Psychopathia sexualis* en 1844 note qu'à l'époque de la puberté, la sueur a une odeur plus âcre, qui ressemble au musc. Rothman en

1954 dans son livre *Physiology and Biochemistry of the Skin* précise également que les adolescents se caractérisent par une forte odeur axillaire.

Ces observations sont-elles argumentées ? Il est vrai que le fonctionnement des glandes cutanées et leur type de sécrétions présentent des différences importantes durant l'enfance et également à partir de l'adolescence. De ce fait, des odeurs cutanées recueillies chez des enfants âgés de 3 à 8 ans sont différenciables par des « testeurs » de celles de jeunes adultes, entre 18 et 27 ans, ou encore de celles de seniors, entre 64 et 78 ans (Chen et Haviland-Jones, 1999). Une étude récente (Mitro et coll., 2012) s'est intéressée à la discrimination possible de trois catégories d'individus des deux sexes selon leur âge : des jeunes (20-30 ans), des « intermédiaires » (45-55 ans) et des personnes âgées (75-95 ans). La méthode utilisée est celle des tampons de gaze sous les aisselles, portés pendant cinq nuits consécutives, nuits passées en solitaire pour éviter toutes interférences. Les odeurs sont effectivement identifiées comme appartenant à des classes d'âge différentes et les odeurs des seniors sont jugées comme moins intenses et moins déplaisantes que les autres. Dans cette étude, les testeurs sont exclusivement des jeunes femmes. Ces résultats fonctionnels sont congruents avec une réalité anatomique qui est que les glandes sébacées ainsi que les glandes sudoripares apocrines ont une activité sécrétoire diminuée au-delà de l'âge de 70 ans en moyenne. On peut noter que dans cette étude où les sujets testés sont naïfs, la valence hédonique des odeurs de vieillards est classée comme neutre, alors que les odeurs correspondantes aux autres classes d'âge sont évaluées comme déplaisantes. En fait dans la vie quotidienne, l'évaluation n'est pas forcément identique dans la mesure où le label d'une odeur, à savoir la connaissance de son origine, peut modifier complètement l'appréciation en terme de plaisir/ déplaisir (De Araujo et coll., 2005).

- **Les odeurs de maladies**

Certaines maladies ont une odeur. En effet, plusieurs pathologies, du fait qu'elles perturbent des fonctions métaboliques particulières, sont susceptibles de modifier l'odeur des sécrétions corporelles cutanées volatiles, de l'haleine, ou encore des excrétions (urine, excréments). Hippocrate, père de la médecine, a insisté en son temps, quelque 400 ans av. J.-C., sur l'importance des odeurs de la sueur, de l'haleine, de l'urine… comme outil diagnostique. Hippocrate mentionne l'intérêt pour le praticien de mobiliser les cinq sens, dont l'odorat pour préciser le diagnostic. Il accorde surtout une importance à la qualité de l'odeur des excrétions comme révélatrice de dysfonctionnements des flux internes et il en donne des exemples précis : « …l'urine qui porte au nez une véritable puanteur est une marque indubitable d'une érosion putride ». Par conséquent et pendant des siècles, ces odeurs étaient recherchées avec attention à des fins de diagnostic médical : goutte, diphtérie, cirrhose du foie, urémie, typhoïde… Plus récemment, en 1934, la phénylcétonurie, une maladie héréditaire, a été décrite par Asbjorn Fölling. La mère de deux enfants souffrant de retard mental était venue le consulter car elle était intriguée par l'odeur particulière de leurs urines. Les analyses chimiques d'urine faites par Fölling lui ont permis de mettre en évidence une accumulation d'acide phénylpyruvique dans les urines, indice d'un désordre métabolique particulier de l'organisme. Il s'agit d'un travail pionnier de l'utilisation des analyses biochimiques comme aide au diagnostic. Cette innovation technique, avec d'autres, est la cause de la désuétude aujourd'hui de la consultation olfactive du patient par le nez du médecin qui, on peut en convenir, conserve quelques parts d'incertitude. Toutefois des travaux très récents permettent de redonner vie aux propos d'Hippocrate. Il s'agit d'une étude expérimentale réalisée par Mats Olson, Johan Lundström et leurs collègues (2014) en Suède. Ils ont injecté un composé, extrait de bactéries et connu pour causer une réaction immunitaire rapide à des sujets et, parallèlement, ils ont injecté une solution saline, donc sans effet, à d'autres sujets. Quatre heures après l'injection, le « test du T-shirt » a été réalisé auprès d'une quarantaine de sujets naïfs. Ceux-ci devaient juger l'odeur des sous-vêtements selon l'intensité et l'agréabilité et les associer ou non à la maladie. Sans ambiguïté, les résultats ont montré que les odeurs corporelles des sujets ayant eu une réaction immunitaire étaient jugées plus intenses, plus déplaisantes et davantage associées à un état maladif que les odeurs des sujets témoins appariés. En conclusion, nous serions donc capables de « sentir la maladie » chez un partenaire social, pour peu qu'on l'approche d'assez près pour percevoir son odeur.

- **Les odeurs et l'attractivité sexuelle**

Le comportement sexuel est fondé chez la plupart des espèces de vertébrés sur des stéréotypies, au moins chez les espèces peu évoluées. Les comportements sexuels sont alors conditionnés par les taux d'hormones sexuelles, mâles et femelles secrétées par les gonades. Ils intègrent chez les mammifères des aspects plus complexes de nature socio-cognitive. Chez certains primates comme les chimpanzés, on peut constater une dissociation entre sexualité et reproduction : le comportement sexuel peut être manifesté en dehors des périodes de fertilité de la femelle. Il en va de même chez l'espèce humaine. Toutefois, même chez l'homme, ces bases biologiques liant sexualité et reproduction restent présentes. Une étude de Wilcox et coll. (2004) a pris en compte la fréquence des rapports sexuels de 68 femmes parallèlement à des dosages hormonaux quotidiens des urines, pour préciser la phase du cycle ovarien, pendant plusieurs mois. Il en ressort que leurs rapports sexuels sont les plus fréquents pendant les six jours consécutifs qui correspondent à leur fertilité maximale, au moment de l'ovulation.

Des études sur le comportement sexuel chez l'animal ont massivement orienté les recherches ultérieures chez l'homme vers deux types de sécrétions odoriférantes correspondant à deux zones corporelles : les sécrétions axillaires et les sécrétions vaginales. La question posée est de savoir dans quelle mesure les odeurs corporelles jouent un rôle dans la séduction, l'attrait sexuel chez l'homme ? De nombreuses données historiques, anthropologiques tendraient à faire penser qu'il existe une certaine inclinaison universelle à ce sujet. S'il s'agit d'universalité, l'origine est donc davantage à rechercher sur le versant biologique que sur le versant culturel. Des enquêtes d'inspiration plus éthologique démontrent en effet l'importance de la modalité olfactive dans ces contextes. Si l'on questionne des hommes et des femmes (l'étude a été faite aux USA auprès d'un panel de 166 hommes et de 166 femmes) sur le degré d'importance qu'ils accordent aux aspects visuels, olfactifs, auditifs, tactiles dans l'attrait sexuel, les femmes mentionnent l'odeur comme l'aspect le plus déterminant. Les hommes mettent à égalité les aspects visuels et olfactifs. Si la question concerne l'excitation sexuelle, les femmes mentionnent les odeurs comme essentielles dans le désir. En revanche, les hommes les considèrent plutôt comme neutres (Herz et Cahill, 1997). Cette asymétrie des critères entre les deux sexes est confirmée par une étude ultérieure (Herz et Inzlicht, 2002) qui montre que pour les femmes, les odeurs corporelles du partenaire sont susceptibles de modifier leur désir sexuel alors que les hommes attribuent une priorité au regard du corps de la femme. Des études dans d'autres pays (Angleterre, Tchéquie) mettent également en avant l'odeur de l'autre comme critère de choix du partenaire et de la propension à l'acte sexuel. Il serait intéressant de disposer d'autres études portant sur d'autres cultures (on ne sait rien des français !) et également différenciant des classes d'âge dans la population (jeunes, âges mûrs) pour mieux apprécier la stabilité de ce phénomène, indépendamment ou non des contextes culturels.

Effets sur les femmes des odeurs de femmes

Il ne s'agit pas ici à proprement parler d'attractivité sexuelle mais d'une étude pionnière ayant suggéré un rôle des odeurs corporelles, plus particulièrement d'odeurs liées au cycle ovulatoire, sur les systèmes endocriniens de partenaires sociaux de même sexe. L'auteur de cette investigation innovante et originale est Martha McClintock (1971), alors en poste à la prestigieuse Université d'Harvard aux Etats-Unis. Les sujets d'étude étaient des jeunes filles âgées de 17 à 22 ans et pensionnaires dans une institution scolaire. Les dortoirs étaient communs pour des groupes d'environ huit personnes. Son étude a mis en évidence une synchronisation des cycles menstruels soit qu'il s'agisse d'amies proches ou de jeunes filles partageant la même chambre. Donc le simple fait de passer du temps ensemble suffit à modifier les taux de sécrétion d'hormones hypothalamo-hypophysaires qui sont à l'origine de la rythmicité du cycle ovarien. L'hypothèse proposée alors par Martha McClintock était qu'il s'agissait d'une signalisation et d'une communication par le biais des odeurs. En effet de tels mécanismes de synchronisation des cycles menstruels de souris femelles, en l'occurrence sous l'effet de l'odeur d'urine de mâle, avaient déjà été décrits sous le nom d'effet Whitten depuis 1956. La démonstration par McClintock de cet effet des odeurs corporelles sociales sur le cycle menstruel, et par conséquent sur les sécrétions hormonales qui régulent la rythmicité menstruelle est intervenue presque 30 ans plus tard, au terme d'un protocole de recherche minutieux (Stern et McClintock, 1998). La sueur axillaire était recueillie sur des tampons de gaze portés pendant huit heures consécutives par des jeunes femmes « donneuses » soit pendant la phase ovulatoire, soit pendant la phase folliculaire, en fin de cycle ovarien. Ces tampons de gaze étaient par la suite frottés quotidiennement sur le philtrum (espace entre le nez et la lèvre supérieure) de « receveuses », absolument naïves par rapport au protocole d'étude. Une analyse des urines pour doser l'hormone lutéinisante était parallèlement réalisée quotidiennement pour préciser la phase de cycle ovarien. Les auteurs ont ainsi montré que si l'odeur sentie correspondait à la phase ovulatoire des « donneuses », elle provoquait un retard de secrétions de l'hormone lutéinisante et donc un allongement de le durée du cycle menstruel des « receveuses ». En revanche, si l'odeur était recueillie en fin de cycle, elle accélérait la sécrétion de cette hormone et avait donc pour effet de raccourcir leur durée de cycle ovulatoire. On retrouve ici chez l'espèce humaine un processus analogue à des mécanismes décrits par ailleurs chez l'animal et notamment d'autres espèces de mammifères comme un effet sensibilisateur de phéromones (cf. ci-dessus). Les odeurs émises par un individu ont pour effet de modifier les secrétions hormonales d'un autre individu et ont donc pour conséquence de modifier son comportement, par exemple en augmentant ou en diminuant, voire inhibant, sa réceptivité sexuelle. Dans cette étude, la structure cérébrale dont le fonctionnement est modifié est l'axe hypothalamo-hypophysaire, notre « cerveau hormonal » qui est à l'origine entre autres de la sécrétion des hormones sexuelles par les gonades pour les deux sexes.

Effets sur les femmes des odeurs d'homme

« Mon bien-aimé est pour moi un bouquet de myrrhe qui repose entre mes seins. »

Cantique des Cantiques

Une première question élémentaire qu'on a pu se poser : est-ce que les femmes apprécient les odeurs propres aux hommes. A ce sujet on a testé l'androsténone et clairement les femmes considèrent cette odeur comme aversive, au moins dans les conditions de l'étude. Toutefois, elles ont tendance à considérer cette odeur comme neutre sur le plan hédonique lorsqu'elles sont à la phase ovulatoire de leur cycle menstruel (Grammer, 1993). On voit donc qu'on est bien loin chez l'homme du « modèle animal » lorsqu'on passe par l'expression verbale ou écrite du plaisir ou déplaisir sensé être ressenti, du fait que les femmes ne qualifient en aucun cas dans des conditions expérimentales de laboratoire l'odeur d'homme comme excitante sexuellement, ni même comme agréable. D'autres molécules ont été testées comme l'androstadiénone (Grosser et coll., 2000), sur un panel de 40 sujets femmes, concluant, à partir d'échelles d'évaluation de l'humeur, à une diminution des sentiments négatifs si elles sont exposées à cette odeur. Donc un effet marginal est bien obtenu, mais on est loin d'une inversion euphorique de l'humeur et d'un appétit sexuel débridé qui serait causé par ces molécules. De manière intéressante, d'anciens travaux du français Le Magnen en 1952 avaient mis en évidence des variations de l'acuité olfactive des femmes à l'égard d'une molécule (l'exaltolide) en fonction de leurs cycles menstruels. L'exaltolide est une odeur musquée et qui présente de ce fait une certaine analogie perceptive avec l'odeur des aisselles fraîchement lavées. En d'autres termes, la concentration d'hormones sexuelles (œstrogène) serait susceptible de piloter la sensibilité à certaines odeurs, dont celles pouvant jouer un rôle dans le comportement sexuel.

A la suite des travaux de Martha McClintock, une étude s'est risquée à vouloir observer les modifications du comportement induites par l'exposition à une odeur, sans se préoccuper de l'évaluation subjective qui pouvait être faite de cette odeur. Il s'agit des observations de Kirk-Smith et Booth au terme desquelles ils ont constaté qu'une pulvérisation d'androsténone sur un siège généralement inoccupé dans la salle d'attente d'un cabinet dentaire modifiait sa fréquentation. En effet, les femmes ont alors davantage occupé ce siège, en revanche cette pulvérisation n'avait pas de conséquence sur son occupation par la clientèle masculine. Cette étude a été sévèrement critiquée par la suite en ce qui concerne ces aspects méthodologiques et son traitement statistique et d'ailleurs les résultats n'ont semble-t-il jamais été dupliqués mais elle a ouvert la voie à une suite d'investigations, toutes plus ingénieuses les unes que les autres, mettant en scène des éventuels rôles des odeurs corporelles.

Si la question directe « Est-ce que cette odeur vous plaît ? » ne paraît guère probante à propos des odeurs corporelles, on peut toutefois se demander si l'odeur module le jugement social, en termes d'attractivité, à l'égard de personnes de l'autre sexe ? Il s'agit d'une première question à se poser dans ce domaine complexe de la psychologie et des odeurs, les termes d'attraction sociale n'étant pas équivalents à ceux d'attraction sexuelle, mais pouvant décrire un préliminaire nécessaire si ce n'est suffisant. Une réponse expérimentale a été apportée récemment (Ferdenzi et coll., 2016) en demandant à des jeunes hommes et femmes d'évaluer des images de visage (homme et femme) émotionnellement neutres et des voix enregistrées (émotionnellement neutres ; les sujets prononçaient le seul mot « bonjour »). La comparaison des évaluations a été faite entre deux groupes expérimentaux, l'un exposé à l'odeur d'androstadiénone mélangée à de l'huile de clou de girofle, l'autre groupe exposé à la seule odeur de l'huile de clou de girofle. Pourquoi le clou de girofle ? Pour permettre de masquer l'odeur de l'androstadiénone elle-même par une autre odeur et donc d'annuler le seul effet qui serait dû à la valence hédonique de l'odeur. De plus la molécule odorante présente dans le clou de girofle, l'eugénol, est réputée comme étant un olfactif pur, ne sollicitant aucunement la sensibilité trigéminale et donc n'étant pas susceptible de causer des sensations d'irritation ou autres. Pour les deux groupes, l'odeur était déposée sous le nez en tamponnant la peau avec le produit. Dans cette étude, de très nombreuses variables étaient contrôlées : sensibilité olfactive des sujets, auto-estimation de l'humeur, période du cycle pour les femmes, etc. Les conclusions sont démonstratives : les femmes jugeaient plus positivement l'attractivité des hommes, à partir des seuls indices visuels et acoustiques, si elles étaient exposées à l'odeur d'androstadiénone.

Dans le même ordre d'idée, on a pu s'intéresser à l'effet des odeurs masculines sur la régularité des cycles ovariens des femmes. On a d'abord pu constater que des femmes vivant seules ou en groupe unisexe avaient des cycles plus irréguliers et des ovulations moins fréquentes que si elles étaient amenées à côtoyer des hommes même de manière épisodique, trois fois ou plus par semaine (McClintock, 1971). Il s'agissait ici de seules proximités sociales, professionnelles… Mais de manière identique, une régularité des relations sexuelles avec un homme semble entraîner une régularité des cycles chez la femme. Ces observations n'impliquent pas obligatoirement que la perception par les femmes des odeurs masculines soit à l'origine de ces phénomènes mais l'hypothèse est permise, compte tenu des travaux sur les animaux cités ci-dessus (cf. l'effet Whitten mentionné plus haut). Effectivement, une étude portant sur des femmes présentant des cycles irréguliers et exposées quotidiennement à l'odeur d'extraits de secrétions axillaires d'hommes a montré une évolution vers une régularisation de leurs cycles par comparaison à des sujets témoins, exposés à un placebo (Cutler et coll., 1986).

Un des problèmes fondamentaux dans les recherches portant sur les attirances sexuelles est de trouver des situations ayant une validité écologique. C'est ce qu'ont voulu faire Saxton et collaborateurs (2008) en manipulant des séances de speed-dating. Les femmes volontaires pour l'étude recevaient sur l'espace entre le nez et la lèvre supérieure un léger badigeonnage d'eau ou d'huile de clous de girofle ou d'androstadénione diluée dans l'huile de clous de girofle, constituant ainsi des groupes expérimentaux dans lesquels elles étaient assignées au hasard. Au terme de chaque rencontre de trois minutes avec un homme, les participantes lui attribuaient une note d'attractivité. La compilation et l'analyse des scores obtenus selon l'odeur utilisée montrent que les femmes évaluaient plus positivement le sex-appeal des hommes si elles étaient exposées à l'odeur d'androstadénione. Malheureusement, ce résultat n'apparaît pas comme systématiquement reproductible et reste donc soumis à caution.

L'attractivité sexuelle à partir des odeurs dépend de la discordance génétique

Il s'agit sans doute d'une des conclusions les plus surprenantes établies par une recherche sur le thème des odeurs corporelles et de l'attractivité sexuelle. L'hypothèse même à l'origine de l'étude (Wedekind et coll., 1995) était assez osée car prédisant chez l'homme des mécanismes biologiques favorisant des préférences exogamiques, comme on a déjà pu en identifier chez quelques espèces animales. Des étudiants hommes de Zürich ont revêtu des T-shirts pendant deux nuits consécutives. A la suite, ces T-shirts ont été donnés à sentir à des étudiantes en leur demandant d'évaluer leurs qualités érotiques (le texte de la publication scientifique parle de *pleasantness/sexyness*). Parallèlement, on a également établi le profil HLA (*Human Leukocyte Antigene*) de chacun des donneurs masculins et des « testeuses » féminines. Ce profil HLA est une signature individuelle exprimée par un ensemble de molécules mobilisées dans les réactions immunitaires. Il présente un polymorphisme important au sein d'une population, exprimant une diversité des patrimoines génétiques représentés. En d'autres termes, il correspond donc à la singularité génétique des individus. Les étudiantes ont formulé des préférences significatives pour l'odeur des T-shirts portés au préalable par des hommes dotés des systèmes HLA les plus différents, les plus éloignés du leur propre système HLA. Autrement dit, cette étude met en évidence que, dans le choix d'un partenaire sexuel, intervient la notion d'exogamie. Une proximité génétique trop importante, comme c'est le cas lorsque les individus sont apparentés, limitera donc l'attirance sexuelle qui en revanche sera potentialisée par une dissemblance génétique. Il s'agit donc d'un processus fondé sur les odeurs corporelles et la perception de ces odeurs pour diminuer les risques de dépression consanguine et privilégier l'hétérosis. Une restriction à mentionner toutefois : ces résultats sont limités aux femmes qui ne suivaient pas de contraception orale. Cette étude est en partie à l'origine d'un nouveau mode de speed dating proposé pour trouver l'âme sœur : la *pheromone party*. Les premières rencontres de ce genre ont été organisées aux USA, en Australie, au Royaume-Uni et ont également gagné la France : il s'agit pour chacun d'apporter son « linge sale » à une soirée mixte (en fait on se limitera à un T-shirt porté pendant trois nuits consécutives), puis après il suffit de se laisser guider par son flair… Les participants choisissent à l'odeur de rencontrer telle ou telle personne lors de la soirée. En fait, cette manière de procéder à des antécédents historiques, bien que sur un mode moins égalitaire et plus sexiste : Ellis dans son chapitre sur l'Odorat (*Etudes de Psychologie sexuelle*) rapporte le cas d'un prince asiatique faisant courir ses femmes dans le jardin du sérail, puis choisissant sur la base de l'odeur des vêtements l'heureuse élue pour la nuit.

L'attractivité à partir des odeurs dépend aussi de l'orientation sexuelle

La question s'est bien sûr posée et quelques réponses ont été apportées sans pour autant expliquer tous les processus mis en cause. Ainsi, il semblerait que les hommes hétérosexuels et les femmes hétéro ou homosexuelles préfèrent les odeurs axillaires d'hommes hétérosexuels plutôt qu'homosexuels. Ce serait l'inverse pour les hommes homosexuels (Martins et coll., 2005). Une seule étude en imagerie cérébrale a été réalisée à ce jour qui viendrait conforter l'existence de processus neuronaux différents entre hétéro et homosexuels en ce qui concerne la perception d'odeur de type mâle. Ivanka Savic a ainsi mis en évidence des patterns d'activation différents liés à la perception d'androstadiénone entre des hommes hétéro et homosexuels (Savic et coll., 2005). Chez les homosexuels, on observe une activation neuronale au niveau de l'hypothalamus antérieur et de l'aire préoptique significativement plus importante que chez les hétérosexuels. Ces zones cérébrales sont par ailleurs identifiées comme impliquées dans les comportements sexuels, chez l'animal comme chez l'homme.

L'excitation sexuelle modifie l'odeur corporelle et sa perception

Le rôle des odeurs dans le comportement sexuel peut aussi être exploré dans une perspective plus « intimiste » qui semble correspondre davantage à la réalité pratique… L'excitation sexuelle est obtenue par présentation de films suggestifs (il s'agit de scènes d'accouplement hétérosexuel) à un panel de jeunes hommes portant les tampons de gaze sous les aisselles. Les sujets témoins, de même sexe et âge, sont équipés également de leurs tampons de gaze sous les aisselles mais visionnent un documentaire pédagogique de même durée (Zhou et Chen, 2008). Des femmes sont testées comme sujets lors de sessions d'Imagerie par Résonance Magnétique fonctionnelle alors qu'on leur fait sentir les odeurs ainsi recueillies. On constate une activation au niveau du cortex orbito-frontal, du gyrus fusiforme, de l'hypothalamus, plus importante si la sueur est recueillie durant une phase d'excitation sexuelle. Les implications plus importantes de ces aires cérébrales semblent donc bien indiquer un traitement neuronal différent selon l'origine contextuelle de l'odeur.

Effets sur les hommes des odeurs de femmes

> « Tu me ravis le cœur, ma sœur, ma fiancée…
> tes parfums sont plus suaves que tous les aromates…
> et l'odeur de tes vêtements est comme l'odeur du Liban. »
>
> *Cantique des Cantiques*

De manière assez prosaïque, les premières études se sont intéressées aux odeurs dégagées par les sécrétions vaginales. En effet, on a vu que chez des primates tels que les singes macaques, les odeurs des copulines sécrétées par les femelles avaient un pouvoir attractif sur les mâles.

La question a été posée de manière expérimentale en ce qui concerne l'homme dès les années 1970 par Richard L. Doty (Doty et coll., 1975). Des sécrétions vaginales ont été recueillies pendant les différentes phases du cycle ovarien chez quatre femmes donneuses et leurs odeurs ont été proposées à l'appréciation d'un panel de testeurs hommes. La conclusion essentielle est que l'odeur n'est pas évaluée comme agréable en général... Toutefois, elle est estimée comme moins intense et moins désagréable si le recueil des sécrétions vaginales est réalisé durant les phases pré-ovulatoires ou ovulatoires, plutôt que pendant les phases lutéales ou menstruelles. Une autre approche originale de ce type de questionnement a été réalisée par Naomi Poran (1994). Cette étude avait pris en compte des odeurs émanant de diverses zones corporelles (aisselles, régions inguinales et génitales) et évaluait la durée pendant laquelle chaque sujet « testeur » reniflait l'odeur. Elle évaluait également le souhait du sujet de sentir plus longtemps l'odeur testée. Les résultats ont montré une préférence des hommes pour les odeurs corporelles recueillies dans la période ovulatoire. Des conclusions analogues ressortent d'une autre étude basée sur l'odeur de T-shirts portés par des femmes durant les phases folliculaires ou lutéales du cycle ovulatoire, les hommes préférant les odeurs correspondant à la phase folliculaire (et donc pré-ovulatoire). Ils les jugent également comme sexuellement plus éveillantes.

Au-delà d'un seul jugement subjectif, il a été montré que des odeurs axillaires et vulvaires recueillies chez des jeunes femmes au cours des périodes péri-ovulatoires, non seulement augmentaient le désir sexuel tel qu'exprimé chez les hommes testés, mais aussi augmentaient leurs taux de testostérone et de cortisol en comparaison avec les odeurs recueillies durant la phase post-ovulatoire.

L'odeur des sécrétions vaginales des femmes diffère également selon qu'elles sont recueillies avant ou après un coït (Keith et coll., 1975), du fait de modifications dans les composés organiques présents. Toutefois à ce jour, personne n'a tenté de les tester en termes de préférences éventuelles par des hommes…

De manière analogue aux expérimentations portant sur l'attraction des femmes pour les odeurs d'hommes, des études ont tenté de tester l'effet des copulines de manière plus indirecte, en observant les modifications induites dans des aspects comportementaux. Il s'agit notamment des recherches de Karl Grammer de l'Université de Vienne en Autriche. Dans ses protocoles d'étude, une des situations testées consistait à faire porter des masques chirurgicaux, imprégnés ou non de copulines, à des hommes pratiquant un jeu collectif sur ordinateur faisant appel à la coopération sociale (Steinbach et coll., 2012). Il s'est avéré que les sujets sous influence de copulines montraient significativement moins de propension à la coopération sociale que les sujets contrôles. Dans cette expérience, un dosage de testostérone à partir d'échantillons salivaires a été réalisé qui montre une augmentation de la concentration de cette hormone consécutive à l'exposition à l'odeur de copulines.

D'autres études ont testé un complexe moléculaire de synthèse reproduisant une partie des sécrétions axillaires de jeunes femmes fertiles hétérosexuelles. Il s'agit d'un produit mis au point par Winnifred Cutler, scientifique de l'Université de Pennsylvanie par ailleurs, et commercialisé par une société qu'elle a créée, proposé à la vente sous le nom d'*Athena Pheromone* (98,50 dollars le petit flacon) comme puissant attractant sexuel. L'étude de Norma McCoy et Lisa Pitino (2002) a comparé de nombreux comportements d'ordre affectif et sexuel de jeunes femmes utilisant ce complexe moléculaire comme adjuvant à leur parfum quotidien ou non. Les femmes bien sûr étaient naïves par rapport au produit ajouté à leur parfum, complexe moléculaire ou simple diluant comme placebo. Les sujets des deux groupes, contrôle et expérimental, étaient astreints à consigner quotidiennement des comportements prédéfinis durant deux semaines avant le début de l'étude et durant les six semaines d'utilisation du parfum, aromatisé ou non à la sueur axillaire de synthèse. Les résultats ont comparé les modifications de fréquence de comportements avant et durant l'étude entre chacun des deux groupes. Les auteurs rapportent ainsi une augmentation de certains comportements (rapports sexuels, étreintes, embrassades) pour un plus grand nombre de sujets dans le groupe expérimental que dans le groupe témoin. Ce résultat est-il suffisant pour conforter la confiance qu'on peut mettre dans l'achat de ce produit, cela est laissé à l'appréciation de chacun…

L'odeur des larmes de femmes…

Les larmes sont inodores… L'inventivité de l'étude de Noam Sobel et son équipe israélienne n'en est que plus étonnante. A l'origine de cette étude, le fait que les larmes aient été identifiées comme un signal chimique de communication chez les souris de laboratoire et également le fait que les larmes soient une expression évidente d'émotions chez l'homme. Dans cette étude, on a utilisé des films tristes pour faire pleurer les femmes puis scotché des tampons de gaze imbibés de larmes sous le nez des hommes testés, du sérum physiologique étant utilisé pour imbiber les tampons de gaze chez des sujets constituant le groupe témoin. Les auteurs ont ainsi montré que l'excitation sexuelle auto-estimée des hommes est diminuée par des « odeurs » de larmes de femmes (Gelstein et coll., 2011). Ils attribuent également un moindre sex-appeal à des images de visage féminin et enfin cette « odeur » serait suffisante pour faire baisser leur taux de testostérone. En imagerie cérébrale, des zones concernées par le comportement sexuel seraient également sous-activées en sentant des larmes. Chez l'homme, les larmes sont une expression flagrante d'états de détresse ou de douleur. Il s'agit d'une communica-tion visuelle : on voit les larmes couler sur les joues... Cette expression émotionnelle évoque immédiatement l'empathie et suscite l'aide affective ou sociale. Il semblerait donc que ce comportement de communication sociale soit encore plus complexe qu'on ne pourrait le penser au premier abord.

Odeurs, Sexe et Contexte

Dans les différentes études citées, on constate que l'effet des odeurs sur le comportement sexuel est largement moins univoque et significatif chez l'homme que chez l'animal. Si des produits comme l'androsténone et l'androsténol sont commercialisés en tant que « phéromones humaines », leurs effets réels dans la pratique sont sans doute en dessous des espoirs mis en eux par leurs acheteurs. Aucun fabricant de parfums ne se risquerait à mettre des acides gras dans ses productions en ajoutant un soupçon de copulines à destination des consommatrices. Ces acides gras sont tous caractérisés par des odeurs jugées comme très désagréables, voire infectes. En fait, dans la plupart des études et notamment celles qui évaluent les aspects plaisants, déplaisants, voire excitants des odeurs corporelles, les conditions expérimentales sont susceptibles de modifier l'appréciation des sujets testés : le cadre de l'expérience est une situation sociale, publique et n'a donc rien à voir avec l'intimité liée aux relations sexuelles dans notre cadre sociétal. Autrement dit, si dans une salle de laboratoire de recherche un homme en blouse blanche brandit une éprouvette sous le nez d'un sujet masculin en lui demandant s'il éprouve une excitation sexuelle et de bien vouloir la coter sur une échelle de 0 à 10, la réponse obtenue risque d'être décevante à propos du ressenti de la libido suspectée. Il s'agit donc d'un écueil notable auquel se heurtent toutes les études scientifiques ayant comme centre d'intérêt les odeurs corporelles et la sexualité. L'idée a été proposée de longue date que chez l'homme, l'effet des odeurs corporelles sur le comportement sexuel pouvait être dépendant du contexte. Il s'agit d'un fait d'ailleurs bien avéré chez de nombreuses espèces de mammifères : une odeur de femelle en chaleur pourra ou non causer une recherche active de la part du mâle et une excitation sexuelle (érection pénienne) en fonction du contexte, de l'environnement, des acquis et des apprentissages.

A titre d'exemple, on a vu ci-dessus que l'odeur d'androsténone est jugée sur le plan de l'hédonicité par les femmes comme neutre voire aversive dans des conditions standard de test en laboratoire. Pourtant si on leur demande quelles sont les informations sensorielles émanant de leur partenaire qui sont les plus stimulantes quant à leur désir sexuel, elles classent les odeurs en premier. La contradiction est donc évidente et démontre la primauté du contexte si on veut s'intéresser à la perception olfactive dans le cadre de la sexualité. Les études suivant une démarche rigoureuse pour contrôler ces aspects contextuels sont délicates à concevoir et de fait peu nombreuses. L'équipe de Noam Sobel à Berkeley a réalisé une expérience assez complète à ce sujet (Bensafi et coll., 2004). Les deux molécules d'androstadiénone et d'estratetraenol ont été testées auprès d'étudiants des deux sexes, de la levure chimique pour pâtisserie servant de contrôle. Les sujets ont eu à sentir chacun une de ces trois odeurs, soit l'une ou l'autre des deux molécules d'intérêt soit le produit neutre servant de témoin et ont à la suite visionné des séquences vidéo appropriées pour induire soit un état émotionnel neutre, il s'agissait d'images de nature, ou encore un état émotionnel triste, ou joyeux, ou enfin sexuellement « éveillant », en l'occurrence un film érotique. Après chaque séquence filmée, ils complétaient un questionnaire permettant d'évaluer leur humeur immédiate. Parallèlement et tout au long de la situation expérimentale, des électrodes et capteurs permettaient d'enregistrer l'activité électrodermale, la fréquence cardiaque, la température de la peau, le rythme respiratoire, la pulsation vasculaire digitale, cette dernière variable étant relative aux phénomènes de vasoconstriction et vasodilatation. En effet, les variations de ces différents paramètres physiologiques rendent compte de l'activité réflexe du système neuro-végétatif et permettent donc de mesurer les réactions respectives des systèmes sympathiques et parasympathiques. Les auteurs constatent qu'aucune des deux molécules d'intérêt senties ne modifie l'humeur dans le contexte émotionnel qualifié de neutre (les images de nature). En revanche, tant l'une que l'autre ont des effets significatifs sur l'éveil sexuel auto-estimé des sujets, tant hommes que femmes, dans le contexte du film érotique. Autrement dit, les odeurs d'androstadiénone et d'estratetraenol potentialiseraient l'excitation sexuelle induite par le film. Par ailleurs, l'androstadiénone était à l'origine d'une augmentation de la température cutanée pour les individus des deux sexes mais seulement dans ce même contexte érotisant et non dans le cadre des autres documents filmés. Cette étude reste très éloignée d'une approche naturaliste mais elle démontre que l'effet des odeurs corporelles pourrait être bien plus significatif que la plupart des résultats de travaux expérimentaux ne le suggèrent.

- **Odeurs corporelles et émotions, anxiété, stress… Peut-on sentir les sentiments ?**

Nos odeurs corporelles sont-elles susceptibles de donner des informations, des indices sur nos états émotionnels, qu'ils soient transitoires ou plus durables. Cette question n'a été abordée que relativement récemment, à partir des années 2000 par quelques chercheurs et les résultats sont plutôt surprenants. Dans ce cas encore l'idée du questionnement est issue d'un corpus d'étude chez diverses espèces animales. S'il est délicat de différencier chez l'animal la diversité des états émotionnels qu'on peut décrire chez l'homme (peur, dégoût, joie, colère, surprise, tristesse), au moins un de ces états, la peur (ou un état analogue), est largement répandu et aisément identifiable sur le plan comportemental chez de nombreuses espèces animales. Cette possibilité de communication a un intérêt hautement adaptatif chez les espèces sociales ou même non sociales et avait été suspectée par des pionniers de l'éthologie comme Karl Von Frisch dans les années 1940. En effet, une odeur d'alarme émise par un animal, sous l'effet de stimulations incommodantes, voire nociceptives, permet d'informer, prévenir les congénères et donc d'optimaliser leurs chances de survie. De fait, on trouve de tels phénomènes même à des échelons relativement bas de l'évolution, chez des animaux tels que les vers de terre. Ainsi si un lombric subit une agression physique (expérimentalement, on peut délivrer un léger choc électrique), il va exsuder par des pores situés sur chacun de ses segments corporels (il s'agit de métamères) un fluide jaunâtre qui va imprégner le substrat sur lequel il se trouve. Par la suite, tout autre lombric confronté à ce liquide et son odeur au cours de ses déplacements manifestera des comportements de répulsion, d'évitement de la zone concernée. Ce signal déposé par l'animal peut avoir une durée de vie de plusieurs semaines. Il s'agit même en l'occurrence d'un signal ayant valeur d'allomone car permettant de communiquer entre diverses espèces de vers de terre ! Est-il donc envisageable que nous ayons des aptitudes à la communication analogues à celles manifestées par des lombrics ?

L'odeur des émotions de base : la joie et la peur

L'étude pionnière en ce domaine a été réalisée par Owen, il s'agissait d'un travail de thèse, mais sans avoir beaucoup d'échos. Des femmes étaient exposées à des images soit relaxantes, soit effrayantes. Les odeurs des aisselles étaient recueillies et testées par des hommes. Il en est ressorti que les odeurs correspondant aux expositions à des images effrayantes étaient jugées comme plus intenses. Ces résultats ont été précisés par la suite avec un protocole expérimental quelque peu similaire (Chen et Haviland-Jones, 2000). Des mêmes sujets ont eu à regarder à un jour d'intervalle un extrait de film amusant et un extrait de film effrayant. L'une et l'autre des deux séquences filmées ne duraient que 13 minutes. Les tampons de gaze portés sous les aisselles pendant les séances étaient récupérés puis donnés à tester à des sujets naïfs à qui l'on demandait d'attribuer les odeurs soit à des personnes joyeuses, soit à des personnes effrayées. Les résultats sont un peu complexes. En effet, pour les odeurs liées à la joie, les femmes donnent statistiquement une assignation correcte, quel que soit le donneur, homme ou femme. En revanche les hommes échouent s'il s'agit d'une odeur d'homme mais non de femme. Pour les odeurs liées à la peur, hommes et femmes donnent une assignation correcte lorsque le donneur est un homme, mais échouent s'il s'agit d'une femme. Donc on peut déduire de cette étude qu'au moins certains états émotionnels, et dans certaines circonstances, dépendant de l'émetteur, du receveur…, sont à l'origine de modifications transitoires de la composition des secrétions corporelles et peuvent être perçus en tant qu'information sociale olfactive. On peut aussi penser que les femmes surpassent les hommes pour ce type de compétence, ce qui est en accord avec la supériorité bien identifiée des femmes sur les hommes pour la perception olfactive. Il est plutôt surprenant que l'odeur liée à la joie donne de meilleurs résultats que l'odeur liée à la peur car cette dernière aurait davantage d'intérêt dans la perspective évolutionniste d'avertissement social de danger. Il est aussi possible que les sujets testés dans cette étude n'aient ressenti qu'une peur modérée. En effet, il s'agissait de séquences filmées montrant des animaux jugés habituellement comme effrayants, serpents, crocodiles... On peut penser que les sujets avaient déjà eu fréquemment l'occasion de voir de telles images et donc que leur potentiel d'alarme à ce sujet pouvait être sérieusement émoussé. Une autre étude réalisée peu de temps après dans l'équipe de Karl Grammer a utilisé un protocole similaire comparant les odeurs sécrétées pendant le visionnement de films effrayants ou neutres, les sujets et les juges étant des femmes. La conclusion allait clairement dans le sens d'une différenciation des odeurs correspondant à la situation de peur. Des situations plus naturalistes et donc plus démonstratives ont été utilisées par la suite et pour lesquelles on peut davantage utiliser le terme de stress émotionnel que de peur.

Odeurs corporelles et stress émotionnel

Les donneurs d'odeur étaient, cette fois, des sujets effectuant pour la première fois un vol en chute libre (Mujica-Parodi et coll., 2009). Par comparaison on a utilisé les odeurs de sujets réalisant un exercice physique (course à pied). Le stress émotionnel vécu par les sujets a été validé par l'analyse du taux de cortisol montrant une augmentation hautement significative de la sécrétion de cette hormone du stress dans le cas du saut en chute libre. Les résultats obtenus au terme d'une analyse en imagerie cérébrale montrent une augmentation de l'activation des noyaux amygdaliens des sujets naïfs à qui l'on fait sentir l'odeur corporelle liée au stress en comparaison avec celle recueillie lors du simple exercice physique. Les amygdales cérébrales sont impliquées dans les comportements de peur, chez l'animal et chez l'homme et il est ainsi fait la démonstration d'un mécanisme de contagion émotionnelle chez l'homme. Toutefois, les sujets testés sont incapables de différencier l'un et l'autre des deux types d'odeur, ce qui montrerait donc l'aspect inconscient de ce processus. On constate également que la sueur de stress provoque des réactions différenciées selon le genre de l'individu émetteur et celui de l'individu récepteur. Ainsi la sueur d'homme provoque une réponse amygdalienne aussi forte pour les deux sexes. En revanche, la sueur de femme provoque une réponse amygdalienne plus forte chez les femmes que chez les hommes (Radulescu et Mujica-Parodi, 2013).

Odeurs corporelles et situations de compétition

On entend dire quelquefois dans un débat contradictoire et houleux entre deux hommes : « ça sent la testostérone ». Autrement dit, il s'agit surtout d'une compétition d'ego typiquement masculine, exprimant au niveau verbal un duel agressif. Cette odeur de compétition, si elle existe, a été étudiée par l'équipe de Bettina Pause à l'Université de Düsseldorf (Adolph et coll., 2010). Les tampons de gaze sous les aisselles étaient portés par les mêmes hommes dans deux conditions : durant un match de badminton et durant une course à pied, approximativement de mêmes durées, les deux tâches étant donc sensées être équivalentes en ce qui concerne la stricte dépense physique. Les sujets étaient affiliés à un club local de badminton et il s'agissait d'un tournoi important pour eux. La situation de compétition était donc en l'occurrence bien caractérisée et d'ailleurs le dosage salivaire de la testostérone montrait une augmentation deux fois plus importante au cours du match qu'au cours de la course à pied. Le taux d'augmentation du cortisol était aussi plus important. Les échantillons d'odeurs recueillies ont été donnés à sentir par l'intermédiaire d'un olfactomètre à des jeunes hommes et femmes. On a enregistré leurs variations d'activité électrodermale résultant de la perception de ces odeurs. Les résultats ont montré que la réponse élecrodermale était plus forte s'il s'agissait d'une odeur axillaire recueillie pendant la situation de match comparée à celle recueillie durant l'exercice sportif contrôle de course à pied. Cette réactivité émotionnelle des sujets testés est ici la même pour les hommes que pour les femmes. En revanche, si on prend en compte les traits de personnalité, évalués à partir d'échelles psychométriques complétées par les sujets, on constate que ceux qui se caractérisaient par une anxiété sociale réagissaient davantage à ces odeurs de compétition que les autres sujets. Autrement dit, des sujets présentant une telle nature anxieuse vont être plus réceptifs que les autres à des signaux de compétition, voire de menace sociale en manifestant une réponse émotionnelle plus importante.

Proche d'une situation de compétition, il existe des situations de menace physique, d'agression corporelle directe dans notre vie sociale. Est-ce que nous sommes sensibles à des odeurs corporelles émises lors de l'exécution de ces menaces ou agressions ? L'étude expérimentale (Mutic et coll., 2016) a utilisé des odeurs corporelles (odeurs axillaires) de sujets, hommes et femmes, se livrant à une séance de boxe sur un punching-bag (situation dite d'agression) ou à une séance de pédalage sur un vélo d'exercice (séance dite de simple exercice physique). A l'issue de chacune des deux séances, les sujets complétaient des questionnaires ayant pour but d'évaluer le degré d'agressivité de leur humeur, leur motivation à causer des préjudices à autrui. Le dépouillement de ces questionnaires montrait effectivement des scores plus élevés de ces items lors de la situation de boxe. L'effet des odeurs était par la suite testé dans une situation particulière : l'adéquation des réponses et la rapidité des réponses à un test de Stroop adapté pour mesurer les émotions. Dans ce test, des séries de mots présentant des connotations émotionnelles (colère, peur, joie) sont présentées écrites en différentes couleurs (vert, bleu, jaune, rouge). Le sujet a pour consigne de désigner le plus rapidement possible la couleur utilisée pour chacun des mots présentés successivement. La rapidité de la réponse est en fait fonction, entre autres, de la signification émotionnelle que le terme revêt pour le sujet testé. Les conclusions vont effectivement dans le sens d'une modification des états émotionnels du receveur, avec l'odeur de boxeur générant un sentiment anxieux. En d'autres termes, sentir l'odeur d'une personne agressive ou se livrant à des agressions augmenterait notre niveau d'anxiété. Il s'agit donc d'une autre possibilité de communication sociale des émotions par les odeurs chez l'homme. Toutefois dans cette étude, il n'est pas exclu que les odeurs soient en fait perçues de manières différentes car correspondant à des exercices physiques d'intensité différente sans que pour autant l'état émotionnel du donneur ait à jouer un rôle. Il faudrait donc des études complémentaires, sans doute fondées sur des situations plus significatives sur le plan écologique pour parfaire la démonstration, par exemple : on peut imaginer de comparer l'effet des odeurs corporelles de boxeurs au cours d'un match réel et lors d'une séance d'entraînement avec un punching-bag. Il est intéressant de souligner que dans cette étude également les sujets étaient incapables de discriminer entre elles les deux odeurs corporelles correspondant aux deux états émotionnels considérés. La communication sociale olfactive semble donc largement échapper à notre domaine conscient. En fait, il est possible que nos compétences discriminatives soient très inégales en ce domaine. Jeannete Haviland-Jones et son équipe ont récemment réalisé une étude à ce sujet (2016). Des émotions de peur ou de joie ont été suscitées par des projections vidéo appropriées, le recueil des odeurs se faisant de manière habituelle par le port de tampons de gaze sous les aisselles. Si l'on demande à des sujets (un panel homme/femme de 60 personnes) de désigner par la suite les odeurs (les tampons de gaze) correspondant à ces émotions, il s'avère qu'environ 50% des sujets sont aptes à une désignation correcte presque systématique, 32% font un choix correct significativement différent du hasard et 18% sont incapables de faire un distinguo correct. Donc dans le cas de petits échantillons de population, comme c'est le cas dans la plupart des études, il n'est pas surprenant qu'on ne puisse mettre en évidence une aptitude générale de la population à discriminer de manière explicite les émotions sur la base de l'odeur.

L'anxiété change nos odeurs corporelles

Une situation « écologique » facilement accessible à des chercheurs universitaires pour obtenir des odeurs corporelles dans des situations d'anxiété est celle vécue par des étudiants dans l'attente d'un oral d'examen. C'est donc lors de telles situations que Bettina Pause et son équipe ont demandé à de jeunes gens de porter des tampons de gaze sous les aisselles. A titre de comparaison, d'autres étudiants ont également porté des tampons de gaze lors d'un exercice sportif (bicyclette), le but étant de pouvoir discerner si l'effet constaté est dû à une simple augmentation de la sudation ou à une modification effective du type d'odeurs secrétées. Les odeurs ainsi recueillies sont ensuite testées par des sujets naïfs : en fait ils ne sont pas toujours conscients de détecter une odeur et ne font pas non plus de distinction entre les odeurs selon le contexte d'origine. Dans une première étude (Pause et coll., 2004), les odeurs sont senties par des sujets visualisant des mimiques faciales exprimant la joie, la tristesse, la peur. Ces images sont présentées de manière fugace, subliminale (pendant une durée de 11,7 millisecondes) avant la présentation plus durable (pendant 47 millisecondes) d'un visage neutre que les sujets doivent évaluer quant à son expressivité émotionnelle. Dans le contexte de l'odeur témoin, un effet subliminal est obtenu lorsque le visage joyeux précède le visage neutre dont l'expression est alors jugée plus positivement. En revanche, cet effet dit d'amorçage est diminué si le sujet testé est exposé à l'odeur d'anxiété, au moins si le sujet est une femme car l'effet n'est pas significatif pour les sujets masculins. Cette étude permet de constater encore une fois une différence notable en ce qui concerne le rôle social des odeurs entre les hommes et les femmes, ces dernières se révélant presque de manière constante beaucoup plus réceptive. Il permet également de discuter les importances relatives des signaux visuels et olfactifs comme déterminants de nos réactions émotionnelles. Dans une situation ambiguë, mettant en scène un visage joyeux mais avec des odeurs liées à l'anxiété, l'information olfactive est davantage susceptible d'être prise en compte en modulant nos réactions que dans des situations où les diverses informations sensorielles sont congruentes.

Une autre étude réalisée selon le même protocole de recueil d'odeurs d'anxiété (Prehn et coll., 2006) s'est intéressée à la mesure du réflexe palpébral déjà évoqué dans le chapitre 2. Les études précédentes ont montré que les paramètres de ce réflexe différaient selon que les sujets étaient exposés à des odeurs de valence agréable ou désagréable. De même, on constate que les odeurs corporelles recueillies dans des situations anxiogènes vont modifier ce réflexe en le potentialisant, alors que les odeurs corporelles recueillies dans des situations témoins sont sans effet.

Dans ces études, tout se passe au niveau « inconscient ». L'imagerie cérébrale fonctionnelle permet toutefois de relever des processus cérébraux différents déterminés par l'une ou l'autre des odeurs : la perception des odeurs recueillies lors d'un état anxieux recrute des zones cérébrales contrôlant les systèmes attentionnels et émotionnels (cortex préfrontal dorsomédial, thalamus), et plus particuliè-rement les aspects socio-émotionnels tels que l'empathie (insula, precuneus, cortex cingulaire). Ainsi ces travaux démontrent de réelles modifications induites par les odeurs dans le fonctionnement cérébral allant dans le sens d'une certaine contagion émotionnelle sur le plan social.

Que les sujets soient incapables d'exprimer verbalement un ressenti différent à l'égard d'odeurs corporelles recueillies dans des circonstances émotionnelles particulières ne signifie pas pour autant l'absence d'effets psychologiques induits, liés à des modifications des processus cérébraux. C'est ce que montre une étude élégamment conçue par Jessica Albrecht et coll. (2011). L'induction d'un état anxieux chez des hommes était réalisée par la pratique d'une sorte de parcours d'accrobranche : monter sur un mât de sept mètres de haut, puis sauter. Un état émotionnel témoin était obtenu par un exercice physique au sol de durée similaire. Les sujets testés, ici exclusivement des femmes, avaient alors pour tâche de sentir les tampons de gaze et de compléter un questionnaire évaluant leur degré d'anxiété. Elles devaient également évaluer par cotation sur une échelle leur ressenti subjectif par rapport à l'odeur sentie: intensité, familiarité, agréabilité, masculinité/féminité, érotisme… En fait, au terme de 20 minutes d'exposition à l'odeur, le degré d'anxiété est significativement augmenté s'il s'agit de la situation anxiogène de recueil comparée à la situation témoin. En revanche, aucune différence significative n'est obtenue pour les différentes cotations de ressenti des odeurs entre les deux situations. Les mêmes exercices d'induction d'anxiété et de situation témoin avec le seul exercice physique ont été utilisés dans un autre paradigme expérimental s'intéressant cette fois-ci à la prise de décision ou prise de risque. Cette notion de prise de risque est un aspect fondamental en neuropsychologie chez l'homme et a déjà suscité de nombreuses études portant sur des sujets sains ou affectés de certains troubles de l'humeur. La situation expérimentale la plus usitée est celle d'un tirage au sort aléatoire de cartes de jeux, certaines donnant droit à un gain financier et d'autres à un débit des gains. Les sujets impulsifs (prenant des risques importants) auront tendance à davantage risquer des pertes au bénéfice de gains potentiellement importants. Au terme de cette étude, on a constaté que si les sujets sont exposés à l'odeur d'anxiété, ils prendront alors des risques plus importants. Rapportés à des situations écologiquement significatives sur le plan de la psychologie évolutionniste, ces résultats laissent penser que lorsque nous sommes confrontés à une situation anxiogène pour nos congénères et qui a donc toute probabilité d'être aussi potentiellement dangereuse pour nous-mêmes, nous sommes enclins à prendre des risques plus importants et d'augmenter ainsi la possibilité de résolution d'une situation conflictuelle.

L'anxiété change nos perceptions olfactives d'odeurs ambiantes

L'odorat chez l'animal et chez l'homme est un système perceptif qui concourt comme les autres sens à nous signaler tout événement important de l'environnement nécessitant notre mobilisation attentionnelle. Ceci est illustré par les travaux menés en imagerie cérébrale fonctionnelle à Chicago par Wen Li et son équipe. Ils ont ainsi mis en évidence une surprenante implication de notre système olfactif concomitante à des situations potentiellement dangereuses, menaçantes (Krusemark et coll., 2013). Dans leur étude, un état d'anxiété a été induit chez les sujets par la visualisation d'images montrant des scènes de violences, catastrophes, mutilations. A la suite de cette exposition, des odeurs jugées initialement comme émotionnellement neutres par les sujets étaient jugées comme déplaisantes. L'activation de certaines zones cérébrales, impliquées dans les processus olfactifs et émotionnels (cortex piriforme, orbito-frontal, cortex cingulaire antérieur, noyaux amygdaliens) était augmentée lors de l'inhalation de ces odeurs par les sujets en état d'anxiété en comparaison avec l'état émotionnel neutre. La modification du jugement subjectif des odeurs selon l'état émotionnel correspond ainsi à une modification objective du fonctionnement cérébral. Donc, un sentiment d'anxiété potentialise et oriente d'une certaine manière (odeurs jugées plus déplaisantes) nos compétences olfactives.

L'anxiété sociale modifie le traitement cérébral des odeurs corporelles

Les études précédentes concernaient une induction expérimentale d'états anxieux chez des sujets. Il existe également des sujets présentant spontanément une anxiété sociale élevée, sans que pour autant on puisse parler de pathologies. Il s'agit de variations dans la population d'un trait de personnalité qui font que certaines personnes sont relativement mal à l'aise dans certaines situations sociales, telles qu'une situation de groupe ou si elles sont observées par quelqu'un d'autre pendant une activité. Les odeurs corporelles recueillies pour être testées sont encore et toujours des odeurs axillaires mais considérées comme neutres (les tampons de gaze sont portés alors que les sujets visionnent un documentaire) ou sexuelles (les sujets visionnent alors un film érotique) (Zhou et coll., 2011). Les sujets receveurs (uniquement des jeunes femmes) sont identifiés par un score d'anxiété sociale après avoir complété une échelle d'évaluation. Ainsi on peut étudier les corrélations entre les données expérimentales olfactométriques caractérisant chaque sujet et leurs scores d'anxiété sociale. En fait, l'anxiété sociale ne semble pas modifier la perception que les sujets ont des odeurs corporelles testées, telle qu'ils peuvent l'exprimer verbalement. En revanche, l'imagerie cérébrale (IRMf) montre une activité réduite au niveau du cortex orbito-frontal lors de l'inhalation des odeurs corporelles chez les sujets présentant un score élevé d'anxiété sociale. Par contraste, une odeur neutre utilisée comme référence dans cette étude (de l'alcool phényl éthylique qui évoque l'odeur de rose) induit bien une activation au niveau de cette zone cérébrale, constituant une partie du cortex olfactif secondaire. Ce résultat est intéressant car cette zone cérébrale est par ailleurs bien identifiée comme jouant un rôle clé dans les processus socio-émotionnels chez l'homme. Plus particulièrement elle permet de mettre en relation des aspects émotionnels et des aspects cognitifs (liés aux apprentissages, aux expériences précédentes) et participe ainsi à la régulation émotionnelle et aux prises de décision des individus. Ainsi, tout semble se passer comme si cette zone cérébrale ne jouait pas pleinement son rôle chez les personnes présentant une anxiété sociale. D'autres études (Milad et Rauch, 2007) ont par ailleurs mis en évidence qu'un faible développement de cette zone, ou une faible activité, est lié à des états anxieux de manière générale. On constate donc que, au-delà des modifications olfactives générées par des stimulations anxiogènes, l'anxiété en tant que trait de personnalité modifie le traitement cérébral des informations transmises par les odeurs corporelles. Enfin cette étude, confrontée à la précédente, montre une interaction complexe entre l'état émotionnel, affectif, et une réaction différenciée aux odeurs selon qu'elles sont d'origine corporelle ou non.

Chapitre 4

Les odeurs corporelles humaines ont-elles sens pour d'autres espèces ?

Chez les animaux, annélides, insectes, on sait qu'il existe des allomones, c'est-à-dire des molécules, secrétées par les membres d'une espèce, mais qui ont valeur de signal de communication pour les membres d'autres espèces, généralement assez voisines sur le plan de l'évolution et de la classification systématique. Il s'agit par exemple de signaux d'alarme, émis par un individu en cas de danger ou stress subi, prévenant ainsi largement autour de lui du danger potentiel. Dans un autre registre, les femelles de moustiques seront attirées pour piquer et sucer le sang par l'odeur d'acide butyrique, présent dans la sueur, à la surface de la peau chez l'homme et de nombreux mammifères.

Chez l'homme, nous n'envisagerons qu'un cas très particulier qui concerne les relations et interactions avec le chien. En effet, la cohabitation entre homme et animal familier est un cas d'école de relations de proximité inter-espèces largement répandu dans les sociétés passées et actuelles. Sa domestication par l'homme remonte à plus de 12 000 ans avec sans doute une fonction d'animal familier dès l'origine, sans autre préoccupation utilitaire. Le chien est un modèle intéressant car d'une part le corps humain est source de nombreuses odeurs à valeur de communication au moins sociale et d'autre part le chien dispose d'un flair étonnant, qu'il utilise de manière systématique pour des comportements d'exploration de son environnement à l'égard de la nourriture, d'objets divers, du mobilier urbain, de ses congénères, de ses maîtres, de n'importe quel individu connu ou inconnu.

Dans un premier temps, on peut se demander quelles sont les zones corporelles de l'homme, sources d'odeurs qui vont être flairées, investiguées de manière préférentielle par l'animal. Nous avons réalisé dans notre équipe de recherche une étude relativement simple qui permet de le mettre en évidence (Filiatre et coll., 1991). Elle se déroule dans une petite salle vide avec une caméra fixée au plafond permettant de filmer le sol. Des hommes possédant un chien familier amènent leur chien dans les locaux du laboratoire. On leur demande de s'allonger sur le sol au milieu de cette pièce expérimentale et de rester strictement immobiles dans cette position pendant cinq minutes. Le chien est alors introduit dans la salle, seul avec son maître, et laissé libre de ses déplacements pendant les cinq minutes d'observation, tous ses déplacements étant filmés par la caméra. On peut constater que les chiens placés dans cette situation passent une grande partie de leur temps à flairer leur maître allongé au sol. L'exploitation des documents filmés permet de retracer virtuellement sur une silhouette les parcours du museau de tous les chiens, 30 « couples » maître et chien ayant été ainsi filmés. On constate que c'est la tête et les mains qui sont les zones corporelles les plus souvent flairées par les animaux. La même étude a été réalisée avec des hommes totalement inconnus du chien, 30 autres dyades homme et chien ayant été également filmées dans cette situation. La comparaison fait ressortir des faits intéressants.

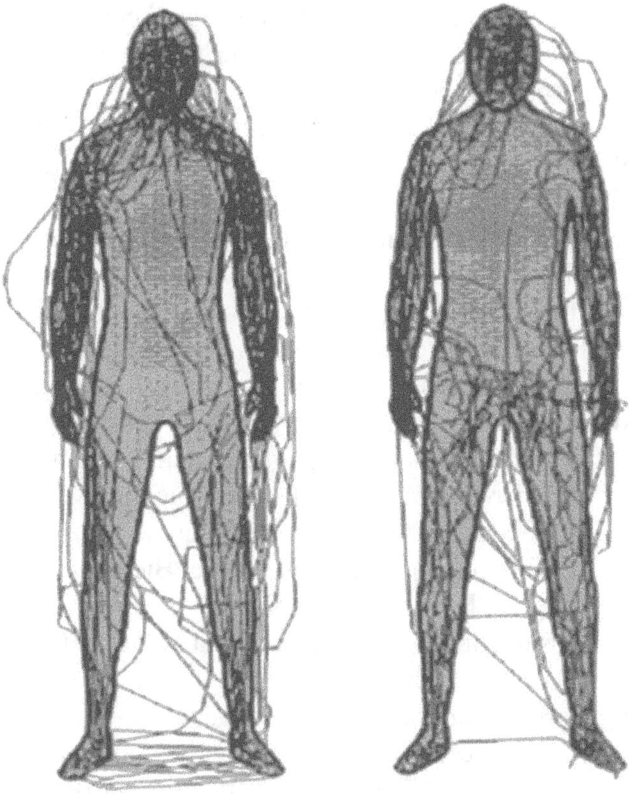

Parcours suivi par le museau des chiens lorsqu'ils flairent soit leur maître (silhouette de gauche), soit un homme inconnu (silhouette de droite).

La tête et les mains de l'inconnu sont également les zones corporelles les plus souvent flairées mais moins souvent que les zones équivalentes chez le maître. Ceci peut sembler paradoxal dans la mesure où le chien doit avoir une parfaite connaissance de l'odeur habituelle de son maître. On peut penser que les animaux sont quelque peu surpris par cette situation un peu spéciale et de fait vont chercher une information de nature olfactive présente dans ces zones corporelles sur l'état émotionnel de leur maître qui leur permette de se réassurer. La tête, comme on l'a vu, est riche en glandes sébacées et sudoripares et les paumes des mains sont riches en glandes sudoripares eccrines participant à une sudation « psychique » liée aux émotions chez l'homme. Cette sudation sera d'autant plus abondante que l'émotion ressentie sera intense. En revanche, chez l'homme, il ne semble pas que nous soyons sensibles à une odeur d'émotion dégagée par les mains car aucun comportement de la vie quotidienne ne le met en évidence (si ce n'est une coutume tout à fait marginale qui serait le baisemain ?). Toutefois des études expérimentales contrôlées et systématiques seraient à faire à ce sujet comme le suggère le comportement des chiens observés dans cette étude. Une autre différence significative à signaler dans la comparaison homme familier par rapport à homme inconnu, est que la zone génitale est la seule zone corporelle plus souvent flairée chez l'inconnu que chez le maître. Bien évidemment, dans cette étude, les sujets sont habillés et il ne s'agit donc pas de zones découvertes comme le sont la tête et les mains. Il doit donc s'agir d'une zone dégageant une odeur à forte valeur informationnelle pour les animaux. L'hypothèse la plus vraisemblable est que l'animal recherche à cet endroit des odeurs lui permettant une identification individuelle de la personne : « Je connais ? Oui ! C'est ce type que j'ai rencontré et flairé une fois en promenade. » « Je ne connais pas ? Non, jamais senti ça ! ». Chez les animaux sociaux évolués, chez les mammifères, une capacité à la reconnaissance individuelle des membres du groupe a souvent pu être mise en évidence. La reconnaissance individuelle est un préliminaire nécessaire sous-jacent à une complexité des relations sociales. Ainsi, des rats sont capables d'identifier les membres de leur groupe social à partir de leur seule odeur et les chiens possèdent certainement cette compétence, même si aucune étude à ce jour n'a eu pour but de le prouver. On sait en revanche qu'ils sont capables d'identifier chaque membre de leur famille adoptive d'après leur seule odeur.

Chez l'espèce humaine, dans notre vie sociale quotidienne, les indices les plus pertinents pour la reconnaissance individuelle sont les indices visuels, en fait les traits du visage, les cheveux... L'utilisation des indices acoustiques est également possible : on reconnaîtra quelqu'un à sa voix. Nous avons ainsi dans notre cerveau une phénoménale quantité de cartes d'identité conservées pendant des années et des années, mentionnant configurations physiques, timbres de voix, autres caractéristiques sociales saillantes et signifiantes par rapport à notre propre vécu. Chez les chiens, cette carte d'identité personnelle aux humains rencontrés et connus aurait comme référent central l'odeur de la zone génitale... D'où cette désagréable habitude qu'ils peuvent avoir d'essayer d'atteindre cette zone avec leur museau lorsqu'ils font connaissance avec un inconnu. En revanche, le flairage de la tête et des mains leur permettrait d'accéder à des informations supplémentaires sur l'état émotionnel des individus. Cette dernière hypothèse est corroborée par d'autres observations que nous avons pu faire en étudiant les interactions spontanées entre des jeunes enfants, âgés de deux à cinq ans et leur chien au domicile familial (Millot et coll., 1988). Au cours de ces interactions, les enfants peuvent manifester un répertoire comportemental de type affiliatif (caresses jeux,...) ou agonistique (menaces, cris...). En éthologie, science du comportement, cette distinction est habituelle pour décrire les interactions sociales sur le plan fonctionnel. Les comportements affiliatifs ont pour conséquence et finalité de maintenir l'interaction, de diminuer la distance entre individus. Les comportements agonistiques tels que menaces et agressions ont pour conséquence et finalité de mettre fin à l'interaction, d'augmenter la distance entre individus. Cette même typologie des comportements est d'ailleurs opérationnelle si l'on étudie les interactions sociales entre jeunes enfants, ou entre chiens. A partir de films tournés au domicile familial, on a pu inventorier les comportements affiliatifs et agonistiques des enfants à l'égard de leurs chiens. Si l'on prend en compte les comportements de flairage des chiens à l'égard des enfants au cours de ces interactions, on constate qu'ils flairent davantage le visage de l'enfant durant une séquence affiliative et davantage ses mains durant une séquence agonistique. Vu que le comportement de flairage des chiens est à considérer comme une recherche active d'informations de leur part, il est tout à fait possible que ces deux zones corporelles soient à l'origine d'informations de nature différente sur l'état émotionnel immédiat du jeune partenaire. Une hypothèse alternative serait de considérer que c'est l'enfant qui permet ou non par son comportement que le chien accède à ces zones corporelles particulières. Nous avons donc réalisé des études complémentaires (Filiatre et coll., 1990) dans lesquelles les chiens sont mis en présence, dans une pièce du laboratoire, de deux mannequins à peu près réalistes d'enfants. L'un de ces mannequins est vêtu des sous-vêtements (T-shirt, slip, chaussettes) portés auparavant pendant une journée par l'enfant familier et l'autre par des sous-vêtements identiques mais portés pendant la même période de temps par un enfant de mêmc sexe et âge mais complètement inconnu de l'animal. Le comportement des chiens est filmé pendant cinq minutes à partir du moment où il est introduit dans la pièce expérimentale. On constate tout d'abord que le chien flaire davantage le mannequin « connu » que le mannequin « inconnu ». En revanche la zone ano-génitale est la seule zone corporelle davantage flairée sur le mannequin inconnu que sur le mannequin connu, ce qui confirme l'hypothèse énoncée ci-dessus : l'odeur de cette zone permet de faire connaissance… Enfin, on constate que le visage du mannequin connu est beaucoup flairé alors que celui du mannequin inconnu l'est de manière marginale. En revanche, cette différence s'estompe lorsqu'on considère les flairages des mains, à peu près identiques en pourcentage entre les deux mannequins. Au total, tout laisse à penser qu'il s'agit bien d'investigations olfactives très ciblées de la part des animaux, censées leur apporter des informations importantes quant à l'état du partenaire et donc sur la conduite à tenir dans les interactions. Si le chien est devenu un animal familier répandu depuis sa domestication, c'est sans doute parce qu'il a pu ainsi transposer dans ses relations avec l'homme des comportements de communication faisant partie de son répertoire social habituel entre canidés, fondés sur des investigations olfactives ciblées des partenaires sociaux.

Conclusions et perspectives

L'odorat chez l'homme est donc une curiosité sensorielle. Un sens archaïque transmis presque inchangé de génération en génération, d'espèce en espèce depuis des centaines de millions d'années. Il s'agit d'un dispositif de base dans nos possibilités perceptives de l'environnement conçu comme un instrument pour optimaliser notre survie. De ce fait, les réactions comportementales que génèrent les odeurs sont en grande partie de nature inconsciente, permettant ainsi une adaptation à l'environnement à moindre coût.

Les compétences olfactives sont potentiellement les mêmes, quelle que soit la culture environnante. Toutefois, l'attitude sociale à l'égard des odeurs est éminemment culturelle. Dans notre propre société contemporaine, il est évident que nous avons récemment évolué vers une désodorisation de notre environnement. Lorsque des odeurs sont sciemment utilisées, c'est en général pour cacher par leur intensité et leur agréabilité l'existence d'odeurs naturelles jugées désagréables, socialement inconvenantes, voire nauséabondes. L'existence d'un environnement olfactif autrefois plus dense et diversifié est incontestable et on peut aussi tout à fait supposer que nos facultés attentionnelles à l'égard des odeurs sont amoindries par rapport à celles que pouvaient avoir nos ancêtres chasseurs-cueilleurs il y a quelques milliers d'années.

Dans le progrès des connaissances sur le comportement humain, l'odorat a été relégué au second plan tout autant par les philosophes que par les biologistes ou les psychanalystes. Ce n'est que récemment, et sous l'impulsion de nombreuses découvertes sur le rôle des odeurs dans le règne animal, que des études scientifiques accumulent des résultats sur l'importance des odeurs dans notre vie quotidienne. A partir de ces études, différents éléments tangibles peuvent être énoncés.

Tout d'abord, des odeurs ambiantes peuvent moduler nos facultés attentionnelles et nos dispositions émotionnelles. De ce fait notre comportement, notre attitude, nos réactions par rapport à l'environnement peuvent s'en trouver modifiés. Ceci est vrai pour des odeurs auxquelles il est possible d'attribuer des significations, des validités écologiques, comme par exemple des odeurs désagréables de putréfaction ou autres. Cela est également vérifié pour des odeurs qui n'ont apparemment pas de pertinence quant à notre adaptation à l'environnement : odeur de rose, odeur de lavande… Ces fleurs n'ont pas d'intérêt alimentaire ou autre mais leur odeur est jugée agréable et cette sensation d'agréabilité suffit pour induire des effets sur notre physiologie ou sur notre comportement.

Ensuite, et de manière plus intrigante, des odeurs corporelles peuvent également avoir ce même pouvoir quasi-subliminal de modifier nos affects et donc nos réactions comportementales à l'égard d'un tiers. Cela est vrai en ce qui concerne les interactions entre la mère et son nouveau-né par exemple. L'odeur de la mère a un sens pour le nouveau-né et vice-versa dans la mesure où elle est dans la plupart des cas suffisante pour « identifier » le partenaire. On peut ne pas être trop surpris par de telles compétences mises en œuvre dans ces interactions précoces étant donné que les bases de la communication sont ici de nature non verbale. En revanche, il est étonnant de constater qu'entre adultes, les odeurs participent aussi en quelque sorte à la communication. Ainsi, il est nous est possible de savoir par l'odeur s'il s'agit d'une personne apparentée, familière ou inconnue, s'il s'agit d'un homme ou d'une femme, de connaître son âge approximatif et même d'appréhender quelque peu son état de santé ! Enfin, et cela n'est pas sans alimenter quelques fantasmes, les odeurs corporelles peuvent permettre une évaluation *a priori* d'une personne en tant que partenaire sexuel potentiel. Si ces différentes assertions sont déduites d'études scientifiques rigoureusement contrôlées autant que faire se peut, il reste toutefois à relativiser leur importance dans notre vie quotidienne.

En premier lieu, la presque totalité des études est réalisée sur de jeunes sujets (des étudiants le plus souvent), en bonne santé, à un âge où une mauvaise hygiène de vie (tabagisme ou autre) n'a pas encore eu le temps d'avoir une incidence sur la sensibilité olfactive. En conséquence, il s'agit d'individus qui sont au summum de leurs compétences olfactives. Un autre élément à considérer est la variabilité inter-individuelle : si on peut mettre en évidence un effet significatif d'une odeur sur une cohorte d'individus, cela ne veut pas dire que cet effet significatif peut se vérifier chez chacun des individus composant la cohorte. Nous sommes certainement très inégaux en ce qui concerne nos compétences olfactives même si on considère la seule dimension de la sensibilité. Les tests psychométriques qui testent cette sensibilité sont réalisés seulement avec une ou deux odeurs différentes ce qui ne rend pas compte de l'ensemble du champ olfactif car on peut très bien présenter des anosmies ou hyposmies sélectives sans en avoir jamais eu conscience. Dans les différentes études expérimentales testant l'effet des odeurs corporelles, celles-ci sont présentées sous le nez des sujets et cette proximité ne correspond que rarement à nos distances sociales habituelles.

D'autres considérations sont à prendre en compte qui viennent atténuer le rôle attribuable aux odeurs tel que démontré expérimentalement. Une règle générale qui se dégage de l'éthologie des systèmes d'interaction dans le règne animal est que l'évolution des espèces tend à intégrer une simultanéité de plusieurs modalités sensorielles dans les signaux à valeur de communication. Par exemple, la parade nuptiale du mâle chez les oiseaux comprend presque systématiquement d'une part des comportements particuliers exécutés devant la femelle (marche de long en large répétitive, hochements de tête, érection de plumes plus ou moins colorées…), mais aussi des vocalises particulières. Cette combinaison de stimulations visuelles et acoustiques permet de diminuer l'ambiguïté possible du message et renforce la probabilité d'une réponse de la part de la partenaire. Chez l'homme, la communication non-verbale sera donc éminemment multi-sensorielle. Ainsi, une mère reconnaîtra son nouveau-né non seulement à partir des odeurs, mais également selon ses cris ou pleurs, et bien sûr selon ses caractéristiques physionomiques en le regardant, voire en le touchant. Donc au moins trois modalités sensorielles sont concernées : olfactive, acoustique et visuelle. Par ailleurs, une autre règle générale est une intégration de plus en plus déterminante des acquis, des apprentissages, des expériences… dans les réponses comportementales à des signaux de communication en fonction du degré d'évolution de l'espèce. De fait, chez l'homme, les acquis individuels (expériences vécues) ou collectifs (règles sociales, culture environnante) sont évidemment déterminants.

Au total, l'odorat joue effectivement un rôle, mais qu'on pourrait qualifier de « première intention », rôle qui peut être mis en cause par de multiples autres informations simultanées ou subséquentes. Dans la pratique, l'éthologie humaine a par exemple mis en évidence d'autres signaux, de type visuel, déterminant de manière significative des affects, des sentiments chez l'individu « récepteur ». Une silhouette de corps ou de visage symétrique, est qualifiée de belle, attractive, séduisante si elle est présentée à côté d'une silhouette dissemblable. Un visage photographié est estimé comme plus séduisant si on a auparavant artificiellement dilaté les pupilles. Toutefois, l'effet initial de ces signaux devient immédiatement négligeable par rapport aux autres éléments d'informations sur le partenaire social que l'on va recueillir, éléments d'informations qui seront immédiatement analysés en fonction de nos expériences passées.

Donc que retenir ? Oui, nous sommes sensibles aux odeurs mais, *in fine*, elles sont seulement plus ou moins contributives et non déterminantes à elles seules quant à nos actions et réactions comportementales. La phéromone humaine qui garantirait le succès dans tous les flirts possibles n'existe pas, même si des offres commerciales peuvent promettre le contraire (une de ces offres vantant un tel produit avertissait de ne pas en abuser car excessivement efficace dans un rayon de trois mètres !).

D'autres recherches à venir apporteront-elles des découvertes supplémentaires sur ce pouvoir des odeurs ? Très certainement. Un domaine encore très peu exploré est celui des relations complexes entre odeurs corporelles et émotions. Quelle peut être l'influence de nos états émotionnels, de notre humeur sur la perception des odeurs, corporelles ou autres… ? Quelles peuvent être les conséquences de la perception d'odeurs corporelles ou autres sur notre état émotionnel ? A quel point sommes-nous sensibles à des odeurs corporelles de partenaires sociaux relatives à leurs états de joie, de peur, d'anxiété, de tristesse. Si nos odeurs corporelles peuvent être révélatrices de nos états émotionnels transitoires, que se passe-t-il si nous sommes au milieu d'un groupe social, d'une foule partageant un même état émotionnel dans une sorte de communion collective ?

Par ailleurs, les études chez des patients souffrant de dépression permettent de conclure avec un large consensus à une baisse de la sensibilité olfactive. De fait, il y aura donc une baisse significative des stimulations, sollicitations sensorielles dont ils pourraient bénéficier. On peut donc se demander dans quelle mesure, cet appauvrissement sensoriel ne concoure pas à aggraver, ou seulement maintenir, l'état thymique qui est le leur. Ces états dépressifs sont également un corollaire fréquent de nombreuses autres maladies psychiatriques, neurologiques ou même de simples sentiments de mal-être répandus dans la population. Si la baisse de la sensibilité olfactive est mise en évidence dans le cas de dépressions majeures, peut-elle également dans une moindre mesure affecter un simple état de morosité, si ce n'est de « blues » ? Une baisse de la sensibilité olfactive caractérise également le vieillissement. Ainsi les personnes âgées qui souffrent déjà d'un appauvrissement de sollicitations environnementales et sociales en général ont des possibilités perceptives encore amoindries. Est-il possible d'imaginer des séances « thérapeutiques » de stimulations olfactives pour compenser ces déficits : sentir différentes odeurs, les confronter à ses souvenirs… ? Il resterait alors à mesurer de manière objective le bénéfice obtenu en terme de « qualité de vie » chez ces individus dépressifs, chez ces personnes âgées.

Ces quelques exemples montrent que de nombreuses études restent à réaliser à propos de la perception olfactive chez l'homme. Dans l'état actuel des connaissances, on a déjà démontré des possibilités insoupçonnées pour une modalité sensorielle considérée depuis toujours comme marginale et négligeable. Les recherches citées dans cet ouvrage attirent l'attention sur la créativité de leurs auteurs pour concevoir des méthodes expérimentales scientifiquement valides. Il ne s'agit que de premières étapes qui doivent être suivies par d'autres portant sur des populations diversifiées afin de mieux cerner les possibles différences inter-individuelles. D'autre part, une démonstration expérimentale a en soi une validité mais qui reste à confronter à la vie quotidienne, à la complexité écologique de nos activités en général pour en évaluer la pertinence. Il s'agirait donc d'étudier, dans une démarche naturaliste l'effet des odeurs telles qu'elles se présentent habituellement, c'est-à-dire dans le contexte de multiples autres informations sensorielles et activités personnelles. Dans ce domaine, nous n'en sommes encore qu'au stade des hypothèses.

A l'opposé d'une démarche écologique, investiguant l'effet des odeurs dans nos activités quotidiennes, une autre voie de recherches prometteuses est la compréhension des processus cérébraux mis en œuvre. Cette dernière possibilité est offerte par l'imagerie cérébrale fonctionnelle qui comprend l'Electro-EncéphaloGraphie Haute Résolution (EEG-HR), l'Imagerie par Résonance Magnétique (IRM), la Tomographie par Emission de Positons (TEP). Des combinaisons de ces techniques permettent d'obtenir une bonne résolution spatiale (quelles zones du cerveau sont impliquées) et une bonne résolution temporelle (quelle est la chronologie du traitement de l'information par ces différentes zones). Notre connaissance des correspondances entre anatomie et fonction cérébrale progresse de jour en jour et il devient possible de comprendre le comment et le pourquoi d'une implication d'une zone particulière du cerveau lors d'une situation expérimentale vécue par le sujet dans le scanner.

Enfin, d'autres outils permis par la technicité ouvrent encore d'autres perspectives très appliquées. La chromatographie en phase gazeuse couplée à la spectrométrie de masse permet d'identifier des mélanges complexes de molécules volatiles. Donc, on peut, dans l'absolu, décrire et reproduire n'importe quelle odeur. Par ailleurs, on conçoit actuellement des nez artificiels capables de reconnaître des centaines d’odeurs différentes. Il est possible ainsi de suppléer le nez humain dans diverses circonstances. En revanche, il n’est pas encore envisageable de pouvoir substituer quoi que ce soit à cette particularité neuronale qui lie les odeurs et les émotions dans notre cerveau et qui fait toute l’originalité et l’intérêt de notre odorat.

Références bibliographiques

Ackerl K, Atzmueller M et Grammer K, 2002 – The scent of fear. *Neuro Endocrinology Letters, 23,* 79-84.

Adolph D, Schlösser S, Hawighorst M et Pause BM, 2010 – Chemosensory signals of competition increase the skin conductance response in humans. *Physiology & Behavior, 101*, 666-671.

Albrecht J, Demmel M, Schöpf V et al., 2011 – Smelling chemosensory signals of males in anxious versus nonanxious condition increases state anxiety of female subjects. *Chemical Senses, 36,* 19-27.

Barbet V, Breese P, Guichard N, Lecoquierre C, Lehu JM et Hemms R, 1999 – *Le Marketing olfactif.* Presses du Management : Paris.

Baron RA, 1980 – Olfaction and human social behavior: effects of pleasant scents on physical aggression. *Basic and Applied Social Psychology, 1*, 163-172.

Baron RA, 1997 – The sweet smell of helping: effects of pleasant ambient fragrance on prosocial behavior in shopping malls. *Personality and Social Psychology Bulletin, 23*, 498-503.

Bartocci M, Winberg J, Ruggiero C, Bergqvist LL, Serra G et Lagercrantz H, 2000 – Activation of olfactory cortex in newborn infants after odor stimulation : a functional near-infrared spectroscopy study. *Pediatric Research, 48,* 18-23

Beach FA et Gilmore RW, 1949 – Response of male dogs to urine from females in heat. *Journal of Mammalogy, 30,* 391-393.

Bensafi M, Brown WM, Khan R, Levenson B et Sobel N, 2004 – Sniffing human sex-steroid derived compounds modulates mood, memory and autonomic nervous system function in specific behavioral contexts. *Behavioral Brain Research, 152,* 11-22.

Brand G et Millot JL, 2001 – Sex differences in human olfaction : between evidence and enigma. *Quarterly Journal of Experimental Psychology, 54B*, 259-270.

Cernoch JM et Porter RH, 1985 – Recognition of maternal axillary odors by infants. *Child Development, 56,* 1593-1598.

Chen D et Haviland-Jones J, 1999 – Rapid mood change and human odors. *Physiology & Behavior, 68,* 241-250.

Chen D et Haviland-Jones J, 2000 – Human olfactory communication of emotion. *Perceptual and Motor Skills, 91,* 771-781.

Conti MZ, Vicini-Chilovi B, Riva M, Zanetti M, Liberini P, Padovani A et Rozzini L, 2013 – Odor identification deficits oredicts clinical conversion from mild cognitive impairment to dementia due to Alzheimer'disease. *Archives of Clinical Neuropsychology*, 28, 391-399.

Cutler WB, Preti G, Krieger A, Huggins GR, Garcia CR et Lawley R, 1986 – Human axillary secretions influences women's menstrual cycles : the role of donor extract from men. *Hormones and Behavior, 20*, 474-482.

De Araujo IE, Rolls ET, Velazco MI, Margot C et Cayeux I, 2005 – Cognitive modulation of olfactory processing. *Neuron, 46,* 671-679.

Doty RL, 1981 – Olfactory communication in humans. *Chemical Senses, 6,* 351-376.

Doty RL, 2012 – Olfactory dysfunction in Parkinson disease. *Nature Reviews Neurology, 8*, 329-339.

Doty RL, Ford M, Preti G et Huggins GR, 1975 – Changes in the intensity and pleasantness of human vaginal odors during the menstrual cycle. *Science, 190*, 1316-1318.

Doty RL, Brugger WE, Jurs PC, Orndorff MA, Snyder PJ et Lowry LD, 1978 – Intranasal trigeminal stimulation from odorous volatiles psychometric responses from anosmic and normal humans. *Physiology & Behavior, 20,* 175-185.

Doucet S, Soussignan R, Sagot P et Schaal B, 2009 – The secretions of areolar (Montgomery's) glands from lactating women elicits selective, unconditional responses in neonates. *PlosOne, 4(10)*: e7579.doi:10.1371/0007579.

Ehrlichman H et Bastone L, 1992 – Olfaction and emotion. In *Science of Olfaction*, M Serby et K Chobor (Eds) pp 410-438. Springer : New York.

Ehrlichman H, Brown Kuhl S, Zhu J et Warrenburg S, 1997 – Startle reflex modulation by pleasant and unpleasant odors in a between-subjects design. *Psychophysiology, 34*, 726-729.

Epple G et Herz RS, 1999 – Ambient odors associated to failure influence cognitive performance in children. *Developmental Psychology, 35,* 103-107.

Ferdenzi C, Delplanque S, Atanassova R et Sander D, 2016 – Androstadienone's influence on the perception of facial and vocal attractiveness is not sex specific. *Psychoneuroendocrinology, 66,* 166-175.

Filiatre JC, Eckerlin A, Millot JL et Montagner H, 1990 – An experimental analysis of olfactory cues in child and pet dog interaction. *Chemical Senses, 15,* 679-689.

Filiatre JC, Millot JL et Eckerlin A, 1991 – Behavioural variability of olfactory exploration of the pet dog in relation to human adults. *Applied Animal Behaviour Science, 30,* 341-350.

Gelstein S, Yeshurun Y, Rozenkrantz L, et al., 2011 – Human tears contain a chemosignal. *Science, 331*, 226-230.

Gilbert A, Knasko S et Sabini J, 1997 – Sex differences in task performance associated with attention to ambient odors. *Archives of Environment and Health, 52,* 195-199.

Grammer K, 1993 – 5-α-androst-16-en-3-one : A male pheromone? A brief report. *Evolution and Human Behavior, 14,* 201-207.

Grosser BI, Monti-Bloch L, Jenning-White C et Berliner DL, 2000 – Behavioral and electrophysiological effects of androstadienone, a human pheromone. *Psychoneuroendocrinology, 25,* 289-299.

Guégen N, 2001 – Effect of a perfume on prosocial behavior of pedestrians. *Psychol Reports, 88,* 1046-1048.

Haegler K, Zernecke R, Kleemann AM et al., 2010 – No fear no risk! Human risk behavior is affected by chemosensory anxiety signals. *Neuropsychologia, 48,* 3901-3908.

Haviland-Jones JM, McGuire TR et Wilson P, 2016 – Testing for individual differences in the identification of chemosignals for fear and happy: phenotypic superdetectors, detectors and non-detectors. *PlosOne,* doi:10.1371/journal.pone.0154495.

Herz RS et Cahill ED, 1997 – Differential use of sensory information in sexual behavior as a function of gender. *Human Nature, 8,* 275-286.

Herz RS et Inzlicht M, 2002 – Gender differences in response to physical and social signals involved in human mate selection : The importance of smell for women. *Evolution and Human Behavior, 23,* 359-364.

Herz RS, McCall C et Cahill L, 1999 – Hemispheric lateralization in the processing of odor pleasantness versus odor names. *Chemical Senses, 24,* 691-695.

Hold B et Schleidt M, 1977 – The importance of human odour in non-verbal communication. *Zeitschrift für Tierpsychologie, 43,* 225-238.

Jacob S et McClintock MK, 2000 – Psychological state and mood effects of steroidal chemosignals in women and men. *Hormones and Behaviour, 37,* 57-78.

Kaitz M, Good A, Roken AM et Eidelman AI, 1987 – Recognition of their infants by olfactory cues. *Developmental Psychobiology, 20,* 587-591.

Keith L, Stromberg P, Krotoszynski BK, Shah J et Drawnieks A, 1975 – The odors of the human vagina. *Archiv für Gynaekologie, 220,* 1-10.

Knasko SC, 1989 – Ambient odor and shopping behavior. *Chemical Senses, 14,* 718.

Koelega HS et Koster EP, 1974 – Some experiments on sex differences in human perception. *Annals of the New-York Academy of Sciences, 237,* 234-246.

Krusemark EA, Novak LR, Gitelman DR et Li W, 2013 – When the sense of smell meets emotion : anxiety-state-dependent olfactory processing and neural circuitry adaptation. *Journal of Neuroscience, 33*, 15324-15332.

Lombion-Pouthier S, Vandel P, Nezelof S, Haffen E et Millot JL, 2006 – Odor perception in patients with mood disorders. *Journal of Affective Disorders, 90,* 187-191.

Lombion S, Comte A, Tatu L, Brand G, Moulin T et Millot JL, 2009 – Patterns of cerebral activation during olfactory and trigeminal stimulations. *Human Brain Mapping, 30,* 821-828.

Ludvingson HW et Rottman TR, 1989 – Effects of ambient odors of lavender and cloves on cognition, memory, affect and mood. *Chemical Senses, 14,* 525-536.

Lundström JN, Boyle JA, Zatorre RA et Jones-Gotman M, 2007 – Functional neuronal processing of body odors differs from that of similar common odors. *Cerebral Cortex, 18*, 1466-1474.

Macfarlane A, 1975 – Olfaction in the development of social preferences in the human neonate. *Ciba Foundation Symposium, 33,* 103-117.

Manley CH, 1993 – Psychophysiological effect of odor. *Critical Reviews in Food Science and Nutrition, 33,* 57-62.

Martins Y, Preti G, Crabtree CR, Runyan T, Vainius AA et Wysocki CJ, 2005 – Preference for human body odors is influenced by gender and sexual orientation. *Psychological Science, 16*, 694-701.

McClintock MK, 1971 – Menstrual synchrony and suppression. *Nature, 229,* 244-245.

McCoy N et Pitino L, 2002 – Pheromonal influences on socio-sexual behavior in young women. *Physiology & Behavior, 75,* 367-375.

Michael RP et Keverne EB, 1970 – Primate sex pheromones of vaginal origin. *Nature, London, 225,* 84-85.

Millad MR et Rauch SL, 2007 – The role of the orbitofrontal cortex in anxiety disorders. *Annals of the New York Academy of Sciences, 1121,* 546-561.

Millot JL et Brand G, 2000 – Behavioral lateralization during spontaneous smelling task. *Perceptual and Motor Skills, 90,* 444-450.

Millot JL et Brand G, 2001 – Effects of pleasant and unpleasant ambient odors on human voice pitch. *Neuroscience Letters, 297*, 61-63.

Millot Jl, Filiatre JC, Gagnon AC, Eckerlin A et Montagner H, 1988 – Children and their pet dogs : how they communicate. *Behavioural Processes, 17*, 1-15.

Millot JL, Brand G et Morand N, 2002 – Effects of ambient odors on reaction time in humans. *Neuroscience Letters, 322,* 79-82.

Millot JL, Laurent L et Casini L, 2016 – The influence of odors on time perception. *Frontiers in Psychology*, doi: 10.3389/fpsyg.2016.00181.

Mitro S, Gordon AR, Olsson MJ et Lundström JN, 2012 – The smell of age: perception and discrimination of body odors of different ages. *PlosOne,* doi:10.1371/journal.pone.0038110.

Moberg PJ, Kamath V, Marchetto DM et al., 2014 – Meta-analysis of olfactory function in schizophrenia, first-degree family members, and youth at risk for psychosis. *Schizophrenia Bulletin, 40,* 50-59.

Montagna W, 1974 – *The Structure and Function of the Skin.* Academic Press : New York.

Mujica-Parodo LR, Strey HH, Frederick B et al., 2009 – Chemosensory cues to conspecific emotional stress activate amygdala in humans. *PlosOne,* doi:10.1371/journal.pone.0006415.

Mutic S, Parma V, Brünner YF et Freiherr J, 2016 – You smell dangerous: Communicating fight responses through human chemosignals of aggression. *Chemical Senses, 41,* 35-43.

Olson MJ, Lundström JN, Kimball BA et al., 2014 – The scent of disease : human body odor contains an early chemosensory cue of sickness. *Psychological Science, 25,* 817-823.

Pause BM, Miranda A, Goder R, Aldenhoff JB et Ferstl R, 2001 – Reduced olfactory performance in patients with major depression. *Journal of Psychiatry Research, 35*, 271-277.

Pause BM, Ohrt A, Prehn A et Ferstl R, 2004 – Positive emotional priming of facial affect perception in females is diminished by chemosensory anxiety signals. *Chemical Senses, 29*, 797-805.

Platek SM, Burch RL et Gallup GG, 2001 – Sex differences in olfactory self-recognition. *Physiology & Behavior, 73*, 635-640.

Pollatos O, Albrecht J, Kopietz R et al., 2007 – Reduced olfactory sensitivity in subjects with depressive symptoms. *Journal of Affective Disorders, 102,* 101-108.

Poran NS, 1994 – Cycle attractivity of human females odors. *Advances in the Biosciences, 93,* 555-560.

Porter RH et Moore JD, 1981 – Human kin recognition by olfactory cues. *Physiology & Behavior, 27,* 493-495.

Porter RH, Cernoch JM et MCLaughlin FJ, 1983 – Maternal recognition of neonates through olfactory cues. *Physiology & Behavior, 30,* 151-154.

Prehn A, Ohrt A, Sojka B, Ferstl R et Pause BM, 2006 – Chemosensory anxiety signals augment the startle reflex in humans. *Neurosciences Letters, 394,* 127-130.

Radulescu AR et Mujica-Parodi LR, 2013 – Human gender differences in the perception of conspecific alarm chemosensory cues. *PlosOne*, doi:10.1371/ journal.pone.0068485.

Robin O, Alaoui-Ismaili O, Dittmar A et Vernet-Maury E, 1999 – Basic emotion evoked by eugenol odor differ according to the dental experience : a neurovegetative analysis. *Chemical Senses, 243*, 327-335.

Rolet A, Magnin E, Millot JL et al., 2013 – Olfactory dysfunction in multiple sclerosis : evidence of a decrease in different aspects of olfactory function. *European Neurology, 69,* 166-170.

Roton J, 1983 – Affective and cognitive consequences of malodorous pollution. *Basic and Applied Social Psychology, 4,* 171-191.

Roton J, Barry T, Frey J et Soler E, 1978 – Air pollution and interpersonal attraction. *Journal of Applied Social Psychology, 8*, 57-71.

Russell MJ, 1976 – Human olfactory communication. *Nature, 260,* 520-522.

Savic I, Berglund H, Gulyas B et Roland P, 2001 – Smelling of odorous sex hormone-like compounds causes sex-differentiated hypothalamic activations in humans. *Neuron, 31,* 661-668.

Savic I, Berglund H et Lindström P, 2005 – Brain response to putative pheromones in homosexual men. *Proceedings of the National Academy of Sciences of the USA, 17*, 7356-7361.

Saxton TK, Lyndon A, Little AC et Roberts SC, 2008 – Evidence that androstadienone, a putative human chemosignal, modulates women's attributions of men's attractiveness. *Hormones and Behavior, 54,* 597-601.

Schaal B, 1986 – Presumed olfactory exchanges between mother and neonate in humans. In *Ethology and Psychology,* J Lecamus et J Cosnier (Eds) pp 101-110, Privat: Toulouse.

Schaal B, Montagner H, Hertling E, Bolzoni D, Moyse A et Quichon R, 1980 – Les stimulations olfactives entre l'enfant et sa mère. *Reproduction, Nutrition, Development, 20,* 843-858.

Schaal B, Marlier L et Soussignan R, 2000 – Human foetuses learn odours from their pregnant mother's diet. *Chemical Senses, 25*, 729-739.

Schiffman SS, Sattely-Miller EA, Suggs MS et Graham BG, 1995 – The effect of pleasant odors and hormone status on mood of women at midlife. *Brain Research Bulletin, 36*, 19-29.

Schiffman SS, Sattely-Miller EA, Suggs MS et Graham BG, 1995 – The effects of environmental odors emanating from commercial swine operations on the mood of nearby residents. *Brain Research Bulletin, 37,* 369-375.

Schleidt M, 1980 – Personal odor and nonverbal communication. *Ethology and Sociobiology, 11*, 145-154.

Self PA, Horowitz FD et Paden LY, 1972 – Olfaction in newborn infants. *Developmental Psychology, 7*, 349-363.

Soussignan R, Schaal B, Schmit G et Nadel J, 1995 – Facial responsiveness to odours in normal and pervasively developmentally disordered children. *Chemical Senses, 20,* 47-59.

Soussignan R et Schaal B, 1996 – Children's facial responsiveness to odors: influences of odor valence, gender, age and social presence. *Developmental Psychology, 32,* 367-379.

Spangenberg ER, Crowley AE et Henderson P, 1999 – Improving the store environment: do olfactory cues affect evaluations and behaviors? *Journal of Marketing, 60*, 67-80.

Steinbach X, Oberzaucher E et Grammer K, 2012 – Human pheromones : do copulins have an effect on men's testosterone levels and social behavior? XXI Biennial International Conference on Human Ethology (Vienne/Autriche). Communication affichée.

Stern K et McClintock MK, 1998 – Regulation of ovulation by human pheromones. *Nature, 392,* 177-179.

Stoddart M, 1990 – *The scented Ape*. University Press : Cambridge.

Sullivan RM, Taborsky-Barba S, Mendoza R, Itano A, Leon M, Cotman CW et Payne TF, 1991 – Olfactory classical conditioning in neonates. *Pediatrics, 87,* 511-518.

Trotier D, 2011 – Vomeronasal organ and human pheromones. *European Annals of Otorhinolaryngology, Head and Neck Disease, 128,* 184-190.

Van Toller C, Kirk-Smith M, Wood N, Lombard J et Dodd GH, 1983 – Skin conductance and subjective assessments associated with the odour of 5-alpha-androstan-3-one. *Biological Psychology, 16,* 85-107.

Varendi H, Christensson K, Porter RH et Winberg J, 1998 – Soothing effect of amniotic fluid smell in newborm infants. *Early Human Development, 51*, 47-55.

Wallace P, 1977 – Individual discrimination of human by odors. *Physiology & Behavior, 19*, 577-579.

Wargocki P, Wyon D, Baik Y, Clausen G et Ole Fanger P, 1999 – Perceived air quality, sick building syndrome and productivity in an office with two different pollution loads. *Indoor Air, 9,* 165-179.

Wedekind C, Seebeck T, Bettens F et Paepke AJ, 1995 – MHC-dependent mate preferences in humans. *Proceedings Biological Sciences, 260,* 245-249.

Weisfeld GE, Czilli, T, Phillips KA, Gall JA et Lichtman CM, 2003 – Possible olfaction-based mechanisms in human kin recognition and inbreeding avoidance. *Journal of Experimental Child Psychology, 85,* 279-295.

Wilcox AJ, Baird DD, Dunson DB, McConnaughey DR, Kesner JS et Weinberg CR, 204 – On the frequency of intercourse around ovulation : evidence for biological influences. *Human Reproduction, 19,* 1539-1543.

Wise PM, Olsson MJ et Cain WS, 2000 – Quantification of odor quality. *Chemical Senses, 25,* 429-443.

Wysocki CJ et Gilbert AN, 1989 – National Geographic Smell Survey. *Annals of the New York Academy of Sciences, 561,* 12-28.

Wysocki CJ et Beauchamp GK, 1984 – Ability to smell androstenone is genetically determined. *Proceedings of the National Academy of Sciences of USA, 81,* 4899-4902.

Zhou W et Chen D, 2008 – Encoding human sexual chemosensory cues in the orbitofrontal and fusiform cortices. *Journal of Neuroscience, 28,* 14416-14421.

Zhou W, Hou P, Zhou Y et Chen D, 2011 – Reduced recruitment of orbitofrontal cortex to human social chemosensory cues in social anxiety. *Neuroimage, 55*, 1401-1406.

Zou Y, Lu D, Liu L, Zhang H et Zhou Y, 2016 – Olfactory dysfunction in Alzheimer's disease. *Neuropsychiatry Disease and Treatment, 12*, 869-875.

Table des matières

Sciences

aux éditions L'Harmattan

Dernières parutions

LE VÉGÉTAL DANS L'INDUSTRIE CHIMIQUE
Stratégies et développement
Szydlowski Léa – Préface de Claude Roy
Avec le concours du CLUB des bio-économistes et de l'Association Chimie du Végétal
L'industrie chimique utilise essentiellement le pétrole et le gaz comme matières premières. Quelle autre ressource, riche en carbone, permet de venir en renfort de la chimie ? Le végétal. Renouvelable, productible localement, moins polluant, il est bien perçu par le consommateur et riche en propriétés inédites capables de créer des produits innovants à forte valeur ajoutée. Cet ouvrage présente les stratégies mises en place pour introduire la chimie du végétal dans le paysage industriel.
(Coll. Développement durable, 19.00 euros, 182 p.)
ISBN : 978-2-343-12870-2, ISBN EBOOK : 978-2-14-005288-0

LES ILLUSIONS D'OPTIQUE
Une introduction à la pensée quantique du quotidien
Bolot Xavier
Nous observons dans nos pensées des hésitations, des oscillations entre des vues diverses, des superpositions de sentiments, des intrications d'influences, des incertitudes de variables observées, de même que des intentions et des actions hors de toute logique. Ces schémas mentaux sont connus grâce à la physique quantique. Ils sont également là quand nous voulons comprendre la complexité des domaines dans lesquels nous sommes immergés, par exemple en illusions d'optique, arts, physique, etc., qui semblent liés aux structures neuronales. Nos découvertes révéleraient les schémas inconscients du traitement de nos perceptions.
(Coll. Pour Comprendre, 20.50 euros, 188 p.)
ISBN : 978-2-343-13164-1, ISBN EBOOK : 978-2-14-005083-1

VOLCANOLOGUE
Bardintzeff Jacques-Marie
En retraçant l'expérience réussie de sa vocation scientifique, l'auteur nous offre également, dans ce livre tout en couleurs et très illustré, une véritable initiation à la géologie et la volcanologie. Dans son récit, il nous révèle les réalités d'un métier hors du commun qui suscite des vocations autant qu'il continue de soulever des

passions. Cet ouvrage permet de le suivre dans le feu de l'action, au fil d'un texte illustré de plus de 150 photographies et enrichi de 19 encadrés portant sur le volcanisme et les sciences de la Terre (illustré de plus de 150 photographies et en couleurs).
(25.00 euros, 176 p.)
ISBN : 978-2-343-12326-4, ISBN EBOOK : 978-2-14-004519-6

DRAGONS FURIEUX
Les avions spatiaux chinois
Coué Philippe
Les prochaines navettes spatiales pourraient être chinoises ! Pendant longtemps, la Chine se bornait à mettre sur orbite des satellites. La technique s'est perfectionnée et a élevé les ambitions de l'empire du Milieu jusqu'au lancement de ses premiers cosmonautes et sondes d'exploration. Les ingénieurs chinois réussiront-ils à surmonter les obstacles techniques sur lesquels buttent encore leurs collègues des autres puissances spatiales ? L'aérospatiale chinoise pourrait bientôt aboutir à des réalisations concrètes tant civiles que militaires.
(Coll. Penser le temps présent, 22.00 euros, 214 p.)
ISBN : 978-2-343-12112-3, ISBN EBOOK : 978-2-14-004461-8

ONTOGÉNÈSE ET VARIATIONS GÉNÉTIQUES DE L'ARCHITECTURE DU SYSTÈME RACINAIRE DES MONO ET DICOTYLÉDONES MODÈLES
Varin Sébastien
Dans un contexte de changements globaux mondiaux, les plantes modèles sont prévues pour servir comme aide importante dans la compréhension du développement, de mécanismes de communications, de la production d'énergies, biocarburants, matériaux, aliments à partir des plantes. Interface biologique majeure au rôle clef dans un grand nombre de processus et en raison de sa sensibilité à l'environnement, le système racinaire sera présenté puisqu'il démontre une plasticité considérable mais contrainte génétiquement. Cette synthèse correspond au deuxième point d'une étude constituée de quatre tomes.
(26.50 euros, 254 p.)
ISBN : 978-2-343-10045-6, ISBN EBOOK : 978-2-14-003146-5

PLASTICITÉ ET INSTABILITÉ DÉVELOPPEMENTALE
Concept en biologie – Exemple des végétaux
Varin Sébastien
La plasticité est une idée introduite par Woltereck en 1909, juste après la séparation conceptuelle du génotype et du phénotype par Johannsen. Depuis, le caractère plastique des traits et le caractère évolutif du phénomène de plasticité ont été négligés. Or, Darwin l'avait prédit en signalant qu'il n'avait pas suffisamment insisté sur le rôle de l'environnement dans sa théorie de l'évolution. Cette étude est basée sur une rétrospective clarifiée du concept de Plasticité dans le monde animal et végétal. Cette synthèse correspond au premier point d'une étude constituée de quatre tomes.
(30.00 euros, 290 p.)
ISBN : 978-2-343-10046-3, ISBN EBOOK : 978-2-14-003147-2

IMPLICATION DES BACTÉRIES SOLVANTOGÈNES ET RHIZOBACTÉRIES ÉMETTRICES DE COV DANS LES CHANGEMENTS GLOBAUX ET LA PLASTICITÉ
Varin Sébastien
Les composés organiques volatils participent à des phénomènes perturbant les équilibres de l'atmosphère et contribuent aux changements globaux. Ils sont surtout émis par les sources biogènes. Ce livre est le quatrième point d'une étude composée de quatre tomes. Il s'intègre parfaitement dans une optique philosophique de biomimétisme. Il présente : les connaissances actuelles des échanges d'informations médié par des volatils entre les bactéries, les plantes et mammifères comme l'homme, et enfin, les perspectives techniques du concept de Plasticité des organismes dans ce contexte de changements globaux.
(45.00 euros, 542 p.)
ISBN : 978-2-343-10043-2, ISBN EBOOK : 978-2-14-003264-6

RHIZOBACTÉRIES ET PGPR ÉMETTRICES DE COMPOSÉS ORGANIQUES VOLATILS ET IMPLICATION PERMACULTURALE-AGRO-ÉCOLOGIQUE
Varin Sébastien
Les systèmes agricoles durables (biodynamie, agroforesterie, agroécologie et permaculture) reposent sur une cohérence milieu-système très forte, où le contexte pédoclimatique a une grande importance. L'équilibre de ce milieu vivant et complexe dépend de celui des hommes, des animaux, des plantes et des micro-organismes du sol. Ces derniers représentent une importante part de la biodiversité de la planète. C'est à ce compartiment vivant et aux effets des rhizobactéries sur la plasticité des plantes, qu'est consacré ce livre correspondant au troisième point d'une étude constituée de quatre tomes.
(35.50 euros, 344 p.)
ISBN : 978-2-343-10044-9, ISBN EBOOK : 978-2-14-003265-3

BAROMÈTRES, MACHINES PNEUMATIQUES ET THERMOMÈTRES
Chez et autour de Pascal, d'Amontons et de Réaumur
Locqueneux Robert
Cet ouvrage présente à la fois une histoire et une anthologie des travaux de quelques physiciens qui ont conçu et fabriqué des baromètres, des machines à vide et des thermomètres, instruments qui, en leur temps (XVIe et XVIIIe siècles), furent des inventions nouvelles. Les travaux de trois auteurs sont privilégiés : Pascal, Amontons et Réaumur avec une remise en contexte de leurs ouvrages, des événements qui les motivent, des travaux qui les inspirent, des questions qu'ils se posent et des phénomènes qu'ils veulent interpréter.
(Coll. Acteurs de la Science, 21.00 euros, 204 p.)
ISBN : 978-2-343-04995-3, ISBN EBOOK : 978-2-336-37182-5

CE MONDE QUI VIENT
Sciences, matérialisme et posthumanisme au XXIe siècle
Basquiat Jean-Paul - Préface de Paul Basquiat
Le monde qui vient sera ce que nous en ferons. Encore faut-il avoir le courage de regarder l'avenir en face. C'est à cet effort salutaire que cet opuscule invite

le lecteur. Appuyé sur les recherches les plus pointues, il propose de décrypter sous tous ses aspects le monde nouveau porté par l'évolution des sciences et des techniques.
(Coll. Questions contemporaines, 10.00 euros, 66 p.)
ISBN : 978-2-343-05055-3, ISBN EBOOK : 978-2-336-36475-9

MANUEL DES PROBABILITÉS OU MATHÉMATIQUES DE L'INCERTAIN
Laloire Jean-Claude - Préface de Michel Delecroix
Ce manuel présente les aspects pratiques de l'analyse des données et les aspects théoriques des probabilités. Cela permet à la fois de comprendre les phénomènes observés, d'en déduire une prévision et ainsi de se projeter vers l'avenir avec un maximum de sécurité. Les méthodes proposées s'appliquent aussi bien aux sciences humaines qu'aux sciences biologiques et médicales et sont mises en pratique à l'aide de nombreux exercices corrigés.
(48.00 euros, 504 p.)
ISBN : 978-2-343-04627-3, ISBN EBOOK : 978-2-336-36043-0

MILLE ANS D'ASTRONOMIE ET DE GÉOPHYSIQUE
D'Aristote au haut Moyen Âge
De Felice Pierre
Le ciel et la terre sont observés depuis la plus haute antiquité. Ne disposant pas d'instruments de mesure appropriés, les hommes proposent des explications incluant l'action divine ou s'en affranchissant. D'Aristote (IVe siècle avant J.-C.) jusqu'à Isidore de Séville (VIe-VIIe siècles après J.-C.), les auteurs grec, latin, médiéval ont compilé et décrit les connaissances de leur temps sur les astres, les phénomènes atmosphériques et géophysiques en tentant de démythifier le monde qui les entoure. Ce livre illustre aussi le difficile processus de naissance de la connaissance.
(Coll. Acteurs de la Science, 14.00 euros, 128 p., Illustré en noir et blanc)
ISBN : 978-2-343-03816-2, ISBN EBOOK : 978-2-336-36544-2

LA VALEUR DE L'ESPÈCE
La biodiversité en questions
Lherminier Philippe
Philippe Lherminier est généticien; il propose de s'interroger sans faux-semblant sur la valeur de l'espèce. Que perd-on lorsqu'une espèce s'éteint ? Quelle valeur disparaît ? Il y a de multiples réponses : l'espèce vaut parce qu'elle est utile ou inutile, abondante ou rare, connue ou inconnue, ancienne ou récente, proche ou lointaine, ressemblante ou différente de l'homme, comprise ou mystérieuse.
(Coll. Acteurs de la Science, 13.50 euros, 128 p.)
ISBN : 978-2-343-04141-4, ISBN EBOOK : 978-2-336-35913-7

Structures éditoriales du groupe L'Harmattan

L'Harmattan Italie
Via degli Artisti, 15
10124 Torino
harmattan.italia@gmail.com

L'Harmattan Hongrie
Kossuth l. u. 14-16.
1053 Budapest
harmattan@harmattan.hu

L'Harmattan Sénégal
10 VDN en face Mermoz
BP 45034 Dakar-Fann
senharmattan@gmail.com

L'Harmattan Cameroun
TSINGA/FECAFOOT
BP 11486 Yaoundé
inkoukam@gmail.com

L'Harmattan Burkina Faso
Achille Somé – tengnule@hotmail.fr

L'Harmattan Guinée
Almamya, rue KA 028 OKB Agency
BP 3470 Conakry
harmattanguinee@yahoo.fr

L'Harmattan RDC
185, avenue Nyangwe
Commune de Lingwala – Kinshasa
matangilamusadila@yahoo.fr

L'Harmattan Congo
67, boulevard Denis-Sassou-N'Guesso
BP 2874 Brazzaville
harmattan.congo@yahoo.fr

L'Harmattan Mali
Sirakoro-Meguetana V31
Bamako
syllaka@yahoo.fr

L'Harmattan Togo
Djidjole – Lomé
Maison Amela
face EPP BATOME
ddamela@aol.com

L'Harmattan Côte d'Ivoire
Résidence Karl – Cité des Arts
Abidjan-Cocody
03 BP 1588 Abidjan
espace_harmattan.ci@hotmail.fr

L'Harmattan Algérie
22, rue Moulay-Mohamed
31000 Oran
info2@harmattan-algerie.com

L'Harmattan Maroc
5, rue Ferrane-Kouicha, Talaâ-Elkbira
Chrableyine, Fès-Médine
30000 Fès
harmattan.maroc@gmail.com

Nos librairies en France

Librairie internationale
16, rue des Écoles – 75005 Paris
librairie.internationale@harmattan.fr
01 40 46 79 11
www.librairieharmattan.com

Librairie l'Espace Harmattan
21 bis, rue des Écoles – 75005 Paris
librairie.espace@harmattan.fr
01 43 29 49 42

Lib. sciences humaines & histoire
21, rue des Écoles – 75005 Paris
librairie.sh@harmattan.fr
01 46 34 13 71
www.librairieharmattansh.com

Lib. Méditerranée & Moyen-Orient
7, rue des Carmes – 75005 Paris
librairie.mediterranee@harmattan.fr
01 43 29 71 15

Librairie Le Lucernaire
53, rue Notre-Dame-des-Champs – 75006 Paris
librairie@lucernaire.fr
01 42 22 67 13

www.ingramcontent.com/pod-product-compliance
Lightning Source LLC
LaVergne TN
LVHW021222061026
849535LV00008B/2869